Amílcar Vélez

Características Climatológicas Precipitación Diaria en Puerto Rico

Amílcar Vélez

Características Climatológicas Precipitación Diaria en Puerto Rico

Análisis espacial de la intensidad, persistencia y concentración de la lluvia y los periodos secos y lluviosos 1961-2000

Editorial Académica Española

Imprint
Any brand names and product names mentioned in this book are subject to trademark, brand or patent protection and are trademarks or registered trademarks of their respective holders. The use of brand names, product names, common names, trade names, product descriptions etc. even without a particular marking in this work is in no way to be construed to mean that such names may be regarded as unrestricted in respect of trademark and brand protection legislation and could thus be used by anyone.

Cover image: www.ingimage.com

Publisher:
Editorial Académica Española
is a trademark of
International Book Market Service Ltd., member of OmniScriptum Publishing Group
17 Meldrum Street, Beau Bassin 71504, Mauritius
Printed at: see last page
ISBN: 978-620-3-58434-9

Copyright © Amílcar Vélez
Copyright © 2021 International Book Market Service Ltd., member of OmniScriptum Publishing Group

Programa de Doctorado

Geografía, Planificación Territorial y Gestión Ambiental

Tesis Doctoral

Características Climatológicas de la Precipitación Diaria en Puerto Rico

Autor

Amílcar Vélez Flores

Director

Dr. Javier Martín Vide

Septiembre-2013

Agradecimientos

Quiero agradecer la ayuda inestimable del Dr. Javier Martín Vida, sin cuyas aportaciones y dedicación este trabajo no hubiera sido posible.

Debo además agradecer al Servicio Nacional de Meteorología de Puerto Rico y, en especial a su ex director Israel Matos y al meteorólogo Ernesto Morales, que me cedieron los datos climáticos sobre los cuales se ha hecho este estudio. Asimismo, quiero agradecer al Dr. Rafael Méndez Tejeda, por haber hecho posible mi estancia en Servicio Nacional de Meteorología de Puerto Rico mediante la beca del programa Sea Grants de la NASA.

Al igual, agradecer al Departamento de Geografía por formarme en tan bella profesión y a todos los profesores que participaron en mi desarrollo académico universitario, especialmente a la Profesora Marítza Barreto, al Profesor Ángel David Cruz Baez, al Profesor Carlos Guilbe y a la Profesora Tania del Mar.

También, quiero agradecer enormemente a todos mis maestros y maestras que me formaron en cada una de las escuelas públicas del municipio de Caguas que curse mis años escolares: Escuela Elemental Nereida Alicea, Escuela Intermedia Nicolás Aguayo y Escuela Superior Manuela Toro Morice. Asimismo, agradecer a la institución Caguas Christian Academy por el año que estuve con ellos que fue de gran ayuda académica.

Índice

Índice de tablas:

Tabla 1. Estaciones meteorológicas seleccionadas para la realización del presente estudio, especificando su código, su ubicación exacta en coordenadas geográficas, latitud "Lat (ºN)" y longitud "Lon (ºW)", y altura sobre el nivel del mar "Alt. (m)".

Tabla 2. Datos teóricos (número total de días del periodo), datos reales (número total de días con registros), porcentajes de presencia de datos y porcentajes de ausencia de datos del conjunto del área de estudio en el periodo 1961-2000 (*1971-2000).

Tabla 3. Porcentajes de homogeneidad de las series mensuales, según el test de Thom, agrupados por estaciones climáticas, del conjunto del área de estudio en el periodo 1961-2000 (*1971-2000).

Tabla 4. Valores medios de precipitación mensual (mm) del conjunto del área de estudio en el periodo 1961-2000 (* 1971-2000 y ** valor estimado 1961-2000).

Tabla 5. Valores medios absolutos (mm) y relativos (%) de precipitación estacional y regímenes estacionales "R. Est." del conjunto del área de estudio, en el periodo 1961-2000 (* 1971-2000 y ** valor estimado 1961-2000).

Tabla 6. Valores absolutos de la precipitación media anual "P anual" (mm) del conjunto del área de estudio en el periodo 1961-2000 (* 1971-2000 y ** valor estimado 1961-2000).

Tabla 7. Análisis de correlaciones con valores de la r de Pearson y del valor de p entre las cantidades medias de precipitación estacional y anual, y los factores geográficos, latitud (ºN), longitud (ºW) y altitud (m), del conjunto del área de estudio, en el periodo 1961-2000 (* 1971-2000) (Valores significativos con α =0.05 en negrita).

Tabla 8. Número total de días del periodo "Datos teóricos", número total de días de precipitación "N total" y media anual de días de precipitación "$\overline{X}_N$" del conjunto del área de estudio en el periodo 1961-2000 (* 1971-2000).

Tabla 9. Números de días de precipitación estacional "N" y las medias estacionales de días de precipitación "$\overline{X}_N$" del conjunto del área de estudio en el periodo 1961-2000 (* 1971-2000).

Tabla 10. Análisis de correlaciones con valores de la r de Pearson y del valor de p entre la media de días de precipitación anual y la media de días de precipitación estacional, y los factores geográficos, latitud (ºN), longitud (ºW) y altitud (m), del conjunto del área de estudio, en el periodo 1961-2000 (* 1971-2000) (Valores significativos con α=0.05 en negrita).

Tabla 11. Periodos de retornos o intervalos de recurrencia media en años y sus correspondientes probabilidades de ocurrencia en cualquier año y porcentajes de ocurrencia en cualquier año.

Tabla 12. Cantidades máximas de precipitación diaria (mm) esperada en relación a los periodos de retorno de 5, 10, 50, 100, 200 y 500 años, en el periodo 1961-2000 (*1971-2000).

Tabla 13. Análisis de correlaciones con valores de la r de Pearson y del valor de p entre las cantidades correspondientes a T de 5, 10, 50, 100, 200 y 500 años y los factores geográficos, latitud (ºN), longitud (ºW) y altitud (m), del conjunto del área de estudio, en el periodo 1961-2000 (* 1971-2000) (Valores significativos con α=0.05 en negrita).

Tabla 14. Distribución de frecuencia en clases de 0.10 in, de las frecuencias relativas acumuladas "X" y el correspondiente porcentaje del total de precipitación "Y" en San Juan, en el periodo 1960-2000.

Tabla 15. Valores de las constantes "a" y "b" de las curvas exponenciales, valores del índice de concentración de precipitación diaria "CI" y porcentaje del total pluviométrico aportado por el 25% de los días más lluviosos de 16 estaciones meteorológicas de Puerto Rico, en el periodo 1961-2000 (* 1971-2000).

Tabla 16. Valores del índice de concentración de precipitación de la estación lluviosa "CI Ll" y de la estación seca "CI S" del conjunto del área de estudio, en el periodo 1961-2000 (* 1971-2000).

Tabla 17. Análisis de correlaciones con valores de la r de Pearson y del valor de p entre el índice de concentración de precipitación anual, CI, y los índices de concentración de la estación lluviosa, CI Ll, y de la estación seca, CI S, y los factores geográficos, latitud (ºN), longitud (ºW) y altitud (m), del conjunto del área de estudio, en el periodo 1961-2000 (* 1971-2000) (Valores significativos con α=0.05 en negrita).

Tabla 18. Número total de días de precipitación "N total", número total de secuencias lluviosas "Sec total" y duración media, en días, de secuencias lluviosas "Sec media" en el periodo 1961-2000 (*1971-2000).

Tabla 19. Número de días "$Sec\ max$" y fechas de la duración máxima de secuencia lluviosa de las estaciones del área de estudio, en el periodo 1961-2000 (* 1971-2000).

Tabla 20. Número total de secuencias lluviosas iguales o superiores a 7 y 10 días de duración en el periodo 1961-2000 (* 1971-2000 y ** valor estimado 1961-2000).

Tabla 21. Probabilidad empírica porcentual de las secuencias lluviosas de 2, 5, 7, 10 y 15 días de duración en el periodo 1961-2000 (*1971-2000).

Tabla 22. Análisis de correlaciones con valores de la r de Pearson y del valor de p entre las secuencias lluviosas y los factores geográficos, latitud (ºN), longitud (ºW) y altitud (m), del conjunto del área de estudio, en el periodo 1961-2000 (* 1971-2000) (Valores significativos con α=0.05 en negrita).

Tabla 23. Frecuencias de precipitación diaria.

Tabla 24. Cantidades medias de precipitación diaria.

Tabla 25. Valores del primer y tercer cuartil de la frecuencia de la precipitación por fecha, en el periodo 1961-2000 (* 1971-2000).

Tabla 26. Valores del primer y tercer cuartil de las cantidades medias de precipitación por fecha, en el periodo 1961-2000 (* 1971-2000).

Tabla 27. Análisis de correlaciones con valores de la r de Pearson y del valor de p entre el primer y el tercer cuartil de la frecuencias y de las cantidades medias de precipitación y los factores geográficos, latitud (°N), longitud (°W) y altitud (m), del conjunto del área de estudio, en el periodo 1961-2000 (* 1971-2000) (Valores significativos con $\alpha=0.05$ en negrita).

Tabla 28. Número, fechas, número de días y número total de días "S total" de los periodos secos en el periodo 1961-2000 (* 1971-2000).

Tabla 29. Número, fechas, número de días y número total de días "Ll total" de los periodos lluviosos en el periodo 1961-2000 (* 1971-2000).

Tabla 30. Análisis de correlaciones con valores de la r de Pearson y del valor de p entre las duraciones totales de los periodos lluviosos y secos y los factores geográficos, latitud (°N), longitud (°W) y altitud (m), del conjunto del área de estudio, en el periodo 1961-2000 (* 1971-2000) (Valores significativos con $\alpha=0.05$ en negrita).

Índice de figuras:

Introducción

1. Objetivos generales

Los objetivos que han orientado la presente investigación se han basado en tres objetivos primordiales o generales. En primer lugar, se ha utilizado un tratamiento metodológico como objetivo de selección, discusión e introducción, en su caso, de los métodos estadísticos más adecuados para el estudio cuantitativo de la precipitación desde la vertiente geográfica analítica. En nuestro caso, el conocimiento del clima o de algunos de sus elementos en un espacio determinado, queda concretado en las características de la precipitación diaria en Puerto Rico. Es decir, se ha tratado no tan solo la distribución y las relaciones espaciales de los valores de elementos climáticos, refiriéndonos, así, a las características de la precipitación dentro de un área determinada y con la utilización de los métodos que se han considerados más idóneos, sino que se ha abordado propiamente la selección y el estudio de la metodología empleada. En este sentido, todos los capítulos que componen la tercera parte, comienzan con un apartado en el cual se detalla la metodología seguida, y se explican las ventajas o las limitaciones que tienen su uso en el aspecto sometido a análisis, y sobre el área de estudio.

El segundo objetivo, es el del conocimiento y distribución en el espacio, o regionalización de los valores que consiguen los diferentes aspectos o características de la precipitación con interés geográfico, como son las cantidades diarias, mensuales, estacionales y anuales, la frecuencia o probabilidad, la intensidad, la concentración, la persistencia y los periodos secos y lluviosos.

Finalmente, el tercer objetivo hace referencia a la representación cartográfica de los resultados de las características de la precipitación diaria, mediante el empleo de métodos geoestadísticos y de técnicas de sistemas de información geográfica.

En resumen, se trata de conocer el comportamiento de la precipitación a una escala temporal diaria y las pautas espaciales que se derivan en el área de estudio.

2. Metodología

La metodología utilizada en esta investigación es la propia de la Climatología "cuantitativa" basada en el análisis cuantitativo. Las técnicas estadísticas en el análisis cuantitativo no solo son útiles en términos descriptivos, sino también como explicativos. Asimismo, las pruebas de significación estadísticas se usan precisamente para la verificación de hipótesis. Por tanto, nuestras hipótesis climáticas serán comprobadas estadísticamente, es decir, mediante procesamientos estadísticos. Esto tiene que ser así, debido a que en la mayoría de las ciencias no se pueden formular leyes deterministas ni exactas, sino proposiciones con un cierto grado controlado de confianza, o leyes de probabilidades (Martín-Vide, 1987). Además, el método estadístico en climatología es una alternativa a los métodos deterministas, que poseen limitaciones por causa de las propias características de la atmósfera, de la precisión de las estaciones meteorológicas y de los problemas de cálculo (Landsberg, 1974).

Por último, la presente investigación se ha aplicado primero, a nivel instrumental, diversos métodos estadísticos, y, más concretamente, de estadística inferencial para conocer los valores de las características de la precipitación diaria en el área de estudio.

3. Plan de trabajo

Para alcanzar los objetivos generales de la investigación con la metodología expuesta anteriormente se ha seguido un determinado plan de trabajo. El plan ha contado con las siguientes siete etapas:

A: Base empírica

- Recogida de datos de precipitación

- Organización de los mismo

B: Conocimiento del marco geográfico

- Definición del área de estudio

- Factores geográficos

- Elemento precipitación

C: Teorización

- Estudios de métodos, técnicas y problemas

- Formulación de hipótesis

D: Elaboración estadística

- Tratamiento estadístico y específicamente probabilístico

E: Resultados numéricos

- Evaluación

- Distribución espacial

- Verificación de hipótesis

F: Explicación de los resultados

- Causas geográficas

- Causas sinópticas

G: Presentación de la investigación

- Texto

- Tablas estadísticas

- Mapas, figuras y gráficos

- Apéndice

Estas siete etapas se han articulado como se indica en el siguiente esquema:

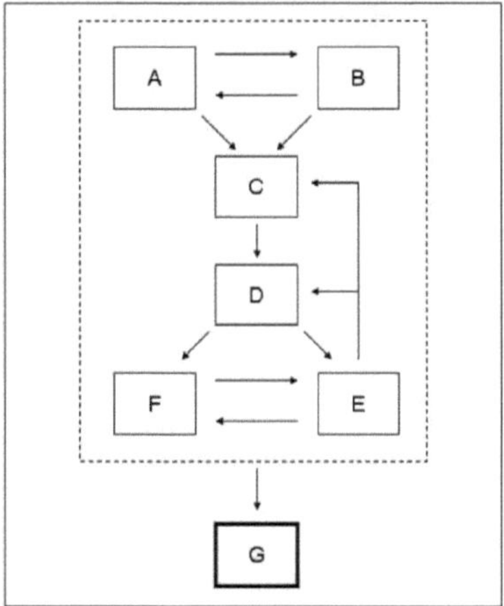

Figura 1: Esquema de plan de trabajo.

En la **figura 1**, las etapas A y B, que podrían englobarse como "Documentación", el sentido de las flechas muestra la secuencia del desarrollo del plan de trabajo. En algunos casos la consecución de la etapa E ha obligado hacer retrotraerse a las C o D para modificar algunas hipótesis no comprobables, o algunas definiciones o técnicas con el fin de verificar la misma hipótesis. Esto último, es práctica habitual en la aplicación de un modelo científico (Norcliffe, 1977; Martín-Vide, 1987).

Una vez concluidas las etapas A, B, C, D, E y F se ha iniciado la etapa G, cuya materialización es la presente Tesis de Doctorado. Ésta, como suele ser normal, se ha dividido en texto, tablas estadísticas, mapas, figuras, gráficos y apéndice. El texto se ha distribuido en dos partes: "Factores geográficos y fuentes" y "Análisis estadístico de las características de la precipitación". En la parte I se define el área de estudio, se estudian los factores geográficos (capítulo 1), incluidos los rasgos de la circulación atmosférica en relación con la precipitación, se indican los puntos de observación y las fuentes de datos (capítulo 2), y la metodología general (capítulo 3). En la parte II se analizan estadísticamente la precipitación mensual y anual del área de estudio (capítulo 4).

Finalmente, en la parte III, se analiza la estructura temporal diaria de la precipitación: la frecuencia de día de precipitación (capítulo 5), la intensidad (capítulo 6), la concentración (capítulo 7), la persistencia (capítulo 8), y los periodos lluviosos y secos (capítulo 9). Además, se completa el texto con las "Conclusiones" y la "Bibliografía". En el texto sólo se han incluido los resultados numéricos más importantes recogidos en las tablas estadísticas. Los mapas y gráficos son diversos, como el mapa del área de estudio, suficiente para la distribución de los valores, o las figuras de los periodos secos y lluviosos, entre otros.

Además, en este estudio se utilizaron las hojas de cálculos de los paquetes informáticos estadísticos (Excel y SPSS) para la ejecución de los cómputos matemáticos.

Primera Parte: Marco geográficos, fuentes y metodología general

1. Capítulo: Marco geográfico, circulación atmosférica general y precipitación

1.1 Área de estudio

El área de estudio de este trabajo es la isla de Puerto Rico localizada entre las latitudes 17° 55′ y 18° 30′ Norte y las longitudes 65° 35′ y 66° 16′ Oeste, aproximadamente (ver **mapa 1**, página 47). Puerto Rico, la isla más oriental de las Antillas Mayores, se ubica entre el noreste del mar Caribe y el Atlántico Norte. El área de estudio tiene una extensión de 178 km. de largo por 58 km. de ancho, aproximadamente, y un área total de 5.528,10 km².

Tradicionalmente, Puerto Rico suele dividirse en tres zonas geomorfológicas: los llanos litorales del norte y del sur, las regiones cársticas del norte y del sur, y la región montañosa del interior, de origen volcánico (Cruz, 1997).

De estas tres zonas principales del territorio resalta la influencia directa que presentan las altas elevaciones del interior montañoso sobre la precipitación del área de estudio. Es sabido que las elevadas altitudes ocasionan un incremento en el volumen pluviométrico, debido al enfriamiento adiabático de las masas de aire al remontar el obstáculo orográfico, provocando una reducción de su capacidad higrométrica hasta alcanzar el punto de saturación o sobresaturación previo a la condensación del vapor de agua contenido en las mismas, tras el cual es posible el desencadenamiento de precipitaciones.

Las zonas montañosas ocupan gran parte del interior del área de estudio. Los principales sistemas montañosos se encuentran en la región este, Sierra de Luquillo y en la región interior central, Cordillera Central. En esta última, se encuentra la altura máxima del área de estudio: Cerro Punta (1337 m).Además, este sistema montañoso alberga varias cimas con elevaciones cercanas o superiores a los 1000 metros. Asimismo, la Sierra de Luquillo, aunque menor en longitud que la Cordillera Central, presenta tres puntos máximos de elevación por encima de los 1000 metros.

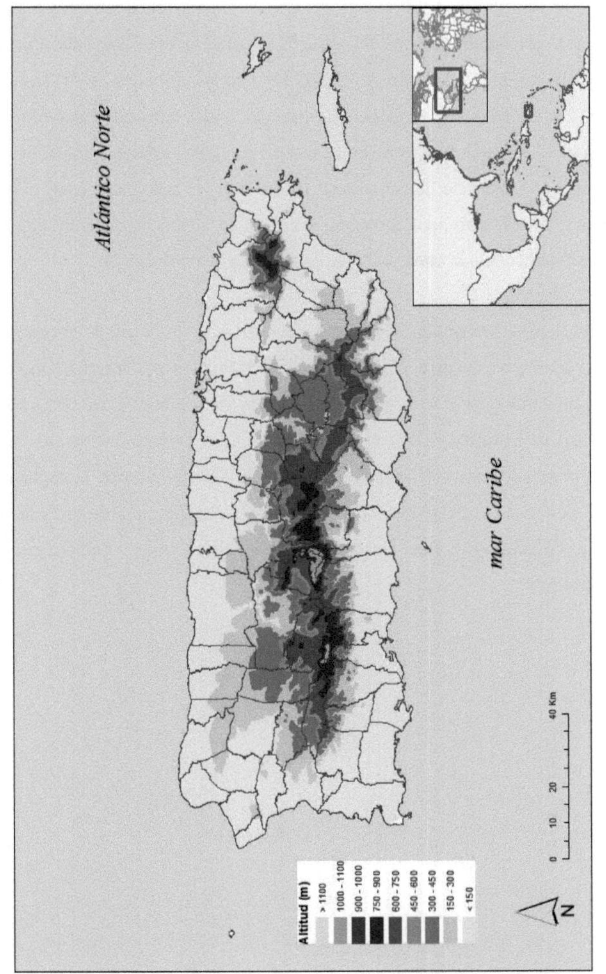

Mapa 1. Situación geográfica de Puerto Rico.

1.2 Circulación atmosférica general

El área de estudio, por su ubicación al noreste del mar Caribe, se encuentra entre dos importantes centros de acción atmosférica del hemisferio norte, el anticiclón subtropical del Atlántico Norte, anticiclón de las Bermudas o de las Azores, en la latitud 30º Norte, aproximadamente, y la zona de Convergencia Intertropical, en las latitudes ecuatoriales. El anticiclón subtropical del Atlántico Norte es un sistema de altas presiones atmosféricas que transfiere vientos en superficie de componente norte o de las latitudes medias a las latitudes ecuatoriales, donde se produce la convergencia de los vientos procedentes de los dos hemisferios, también conocida como zona de convergencia intertropical.

El anticiclón subtropical del Atlántico Norte es el generador de los vientos del este o vientos alisios, los cuales representan el régimen principal de vientos en el área de estudio. Los vientos alisios predominan a lo largo del año con una procedencia este o noreste, por causa de la desviación de Coriolis, y suroeste en más de un 60 por ciento del tiempo y se intensifican en los meses de verano (Carter & Elsner, 1996). Por otra parte, la vaguada tropical en altura, localizada al oeste del Atlántico Norte, tiene una notable influencia sobre las capas altas de la atmósfera del área de estudio en algunos meses de invierno y en los meses de verano.

1.3 Rasgos generales de la circulación atmosférica regional en relación con la precipitación

La circulación atmosférica regional es la que origina el dinamismo en la precipitación de un determinado lugar. En este sentido, el área de estudio tiene un clima ecuatorial monzónico "Am" según la clasificación de Köppen (Kottek, 2006), dominado por las perturbaciones del este u ondas del este, durante gran parte del año, especialmente de junio a noviembre, y durante los meses de invierno y primavera, por vientos del noroeste, producto de vaguadas en altura asociadas a frentes fríos. La onda del este es el sistema más frecuente y productor de precipitación del área de estudio, la cual se desplaza por la corriente de los vientos alisios (Colón, 2009). Ésta perturbación de baja presión en los vientos alisios, puede tener una extensión de varios cientos de kilómetros de diámetro, causando lluvias durante uno o más días, dependiendo de su tamaño y velocidad de traslación (Cruz, 1997). Además, las ondas tropicales en los meses de mayo a noviembre pueden convertirse en tormentas tropicales o huracanes que se asocian a precipitaciones extremas. Estas ondas de baja presión se originan cerca de la costa oeste de África, sobre el Atlántico Norte, y suceden entre 50 y 70 veces al año, aunque no todas llegan a afectar al área de estudio (Carter & Elsner, 1996). No obstante, las ondas tropicales en los meses de verano pueden aparecer en promedio cada 3 a 5 días sobre el área de estudio (Carter, 2000).

Otro sistema importante de perturbaciones atmosféricas que ejerce una considerable influencia sobre la precipitación del área de estudio, principalmente en invierno, es la vaguada tropical en altura, en ingles se conoce con el acrónimo de "TUTT" Tropical Upper Tropospheric Trough, ubicada en el Atlántico occidental. Estas vaguadas pueden producir precipitaciones semicontinuas y fuertes en el área de estudio (Colón, 2009).

Además, la vaguada en altura o TUTT, durante los meses de verano, se considera una característica climatológica del Atlántico tropical, teniendo una influencia notable en la precipitación de Puerto Rico. Asimismo, la vaguada en altura, al igual que las ondas del este, puede afectar el área de estudio por varios días consecutivos (Carter, 2000). Mientras, en los meses de invierno la vaguada en altura está asociada a sistemas frontales o frentes fríos que se desplazan desde Canada o Estados Unidos, los cuales en ocasiones, suelen alcanzar el área de estudio (Malmgren & Winter, 1999). Los frentes fríos son uno de los sistemas atmosféricos responsables de la lluvia en invierno, causando uno o dos días de nubosidad con precipitaciones, las cuales, por lo general, son moderadas y semicontinuas (Colón, 2009).

1.4 Tipos genéticos de precipitación

Por su modo de originarse, la precipitación puede clasificarse en tres tipos: perturbaciones de origen ciclónico (ondas del este y frentes), de convección térmica y de turbulencia geográfica. Por sus características y dimensiones, las perturbaciones producen la mayor cantidad de precipitación en el área de estudio. Por otro lado, la distribución de estas precipitaciones en el área de estudio no resulta homogénea debido a la influencia de la topografía sobre la lluvias y la nubosidad: las zonas montañosas reciben una mayor precipitación y humedad en comparación a las zonas de menor elevación, como valles y zonas costeras (Cruz, 1997; Daly, 2003).

Además de la precipitación causada por perturbaciones de naturaleza ciclónica, también ocurren lluvias de origen convectivo. La atmósfera tropical del área de estudio presenta unas condiciones de inestabilidad convectiva durante buena parte del año, especialmente, en verano (Riehl, 1947). Estas precipitaciones están asociadas, en gran medida, a la brisa marina, y son producto de las diferencias de temperatura entre la costa y el mar y de la inestabilidad del aire que permite su fácil ascenso sobre las montañas, dejando precipitaciones en el interior del territorio (Cruz, 1997). También ocurren precipitaciones convectivas en las costas del área de estudio, sobre todo en las horas de la tarde, producto de la convección de la brisa marina y los vientos alisios, en especial en la costa oeste (Riehl, 1954; McGregor, 1998).

Por último, existe la precipitación por turbulencia geográfica o lluvia orográfica, causada por el ascenso del aire húmedo y las dinámicas entre la temperatura del aire y los procesos de enfriamiento adiabático del aire ascendente sobre las montañas, produciendo precipitaciones sobre las laderas de barlovento o por donde asciende el viento, (Cruz, 1997). En el área de estudio las precipitaciones orográficas son más comunes en los meses de verano.

2. Capítulo: Fuente de datos y red de estaciones meteorológicas

2.1 Fuente de datos

La fuente de los datos pluviométricos diarios que se han utilizado en este trabajo es del Centro Nacional de Datos Climáticos (NCDC, por sus siglas en inglés) de la Administración Nacional Oceánica y Atmosférica (NOAA, por sus siglas en inglés), del gobierno de los Estados Unidos de América.

2.2 Selección de la red de estaciones meteorológicas

El desarrollo de este estudio ha sido posible gracias al acceso a los registros climáticos de las estaciones meteorológicas del Servicio Nacional de Meteorología de Puerto Rico (NWS, por sus siglas en inglés), el cual forma parte de la NOAA.

La elección de unas determinadas estaciones meteorológicas con respecto a otras se ha visto condicionado por los siguientes criterios:

- Se han seleccionado las estaciones meteorológicas con series extensas y fiables, y que tuviesen más del 80% del total de los datos registrados a nivel de precipitación diaria en el periodo elegido.

- Se han seleccionado también por su situación geográfica, siguiendo un criterio de homogeneidad territorial-espacial, procurando, además, la representatividad de las diferentes topologías climáticas del territorio, de forma que entre todas las estaciones se pudiera cubrir razonablemente el área de estudio al completo.

- Por último, se han seleccionado las estaciones con los mejores registros finos de precipitación diaria, es decir, aquellas estaciones con una contabilización íntegra de las lluvias poco cuantiosas. En este estudio, se ha considerado que los días de precipitación de las cantidades menores a los primeros diez centésimas (< 0.09 pulgadas) representen, por lo menos, más del 25% del total de los días de precipitación, y que estos aporten más del 3% de las cantidades totales de precipitación diaria.

En un primer momento fueron consideradas un total de 34 estaciones repartidas por todo el territorio. Sin embargo, 18 de ellas no cumplieron algunos de los criterios antes mencionados, y en algunos casos las lagunas en los datos registrados en alguna de ellas reducían considerablemente la lista potencial de estaciones útiles. Por lo cual, al final quedaron 16 estaciones válidas para el desarrollo de la presente investigación.

Por otra parte, la ausencia de estaciones meteorológicas en la Sierra de Luquillo y en la parte occidental de la Cordillera Central ha hecho que, tanto para fines analíticos como cartográficos, se hayan incorporado las estaciones de Pico del Este y de Adjuntas, que, a pesar de tener unas series más cortas, de 30 años, han resultado suficientes como referentes de los mencionados sistemas montañosos.

2.3 Periodo de estudio

Para este estudio climatológico, como para cualquier otro, debe fijarse un periodo de tiempo, en el que se analizan las series de datos climáticos registrados en el transcurso del citado periodo de tiempo en las estaciones meteorológicas, para luego comparar los resultados obtenidos de la muestra entre sí. Los datos climáticos representan una muestra estadística de una teórica población que se supone más extensa. Un periodo de tiempo de carácter climático tiene que cumplir ciertas condiciones (Chervin y Schneider, 1976; Martín-Vide, 1987). Primero, el periodo de tiempo debe ser lo suficientemente largo como para que los valores de los parámetros estadísticos obtenidos sean buenos estimadores de la población. Segundo, el periodo de tiempo no ha de ser tan largo como para que la muestra pueda pertenecer a dos poblaciones distintas, es decir, que pueda abarcar un cierto cambio climático o dos comportamientos climáticos distintos. Respetando la primera condición, se eliminan las pequeñas variaciones esporádicas debidas al azar o "ruido" climático. Cumpliéndose la segunda, se puede asegurar la permanencia o constancia de los valores a obtener, es decir, la ausencia de una tendencia o cambio, de una señal climática (Martín-Vide, 1987).

El periodo temporal empleado para el desarrollo de este estudio ha sido de cuarenta años, el cual está dentro de los criterios señalados por la Organización Meteorológica Mundial, que exige un mínimo de treinta años para la investigación climatológica. El periodo va de enero de 1961 a diciembre de 2000, exceptuando las estaciones de Adjuntas y Pico del Este, las cuales tiene un periodo de treinta años, de enero de 1971 a diciembre de 2000. Además, la elección del periodo definido se debe a que es en este momento cuando se da una mayor abundancia de registros pluviométricos en las estaciones meteorológicas presentes en el área de estudio. Para hacer comparables las cantidades totales de precipitación de Adjuntas y Pico del Este con los valores del resto de las estaciones meteorológicas, se ha estimado la proporción del periodo 1971-2000 respecto al periodo 1961-2000.

2.4 Situación y distribución altitudinal de las estaciones meteorológicas

Las estaciones meteorológicas empleadas se encuentran repartidas de forma relativamente homogénea por el área de estudio. En la **tabla 1** se expone la localización geográfica y la altitud de las estaciones meteorológicas que aparece reflejado en el **mapa 1**. En este mapa, se observa que las estaciones meteorológicas cubren prácticamente todo el territorio, abarcando: la costa este, Roosevelt Roads (12m); la costa norte, San Juan (3m), Manatí (76m) e Isabela (128m); la costa oeste, Mayagüez (23m); la costa sur, Magueyes (4m), Ponce (21m) y Guayama (22m); la costa sureste, Maunabo (15m); el interior de la región este, Gurabo (49m) y Juncos (65m); el interior de la región norte, Dos Bocas (61m) y Corozal (198m); la Cordillera Central, Cayey (418m) y Adjuntas (558m); y la Sierra de Luquillo, Pico del Este (1051m).

Tabla 1. Estaciones meteorológicas seleccionadas para la realización del presente estudio, especificando su código, su ubicación exacta en coordenadas geográficas, latitud "Lat (ºN)" y longitud "Lon (ºW)", y altura sobre el nivel del mar "Alt. (m)".

Estaciones	Código	Lat. (ºN)	Lon. (ºW)	Alt. (m)
Cayey	66-1901	18,1167	66,1500	418
Corozal	66-2934	18,3333	66,3667	198
Dos Bocas	66-3431	18,3333	66,6667	61
Guayama	66-4193	17,9833	66,1167	22
Gurabo	66-4276	18,2667	66,0000	49
Isabela	66-4702	18,4667	67,0667	128
Juncos	66-5064	18,2500	65,9167	65
Magueyes	66-5693	17,9667	67,0500	4
Manatí	66-5807	18,4333	66,4500	76
Maunabo	66-6050	18,0000	65,9000	15
Mayagüez	66-6073	18,2167	67,1333	23
Ponce	66-7292	18,0167	66,5333	21
Roosevelt Rds.	66-8412	18,2500	65,6333	12
San Juan	66-8812	18,4333	66,0000	3
Adjuntas *	66-0061	18,1833	66,8000	558
Pico del Este *	66-6992	18,2667	65,7667	1051

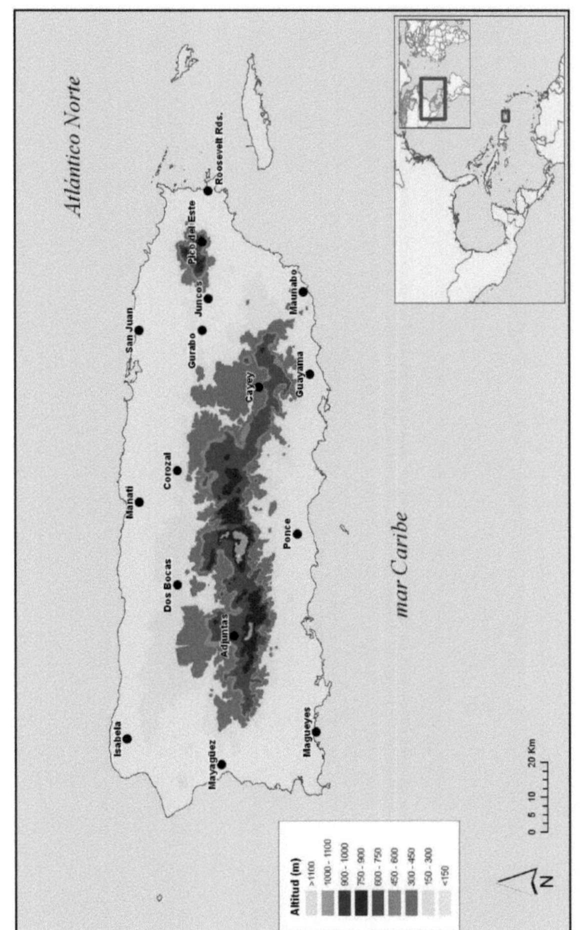

Mapa 2. Localización y altitud (m) de las estaciones meteorológicas en Puerto Rico.

3. Capítulo: Metodología general: Homogenización, análisis de correlaciones y representación cartográfica

En este capítulo se presentan algunos procedimientos metodológicos generales o básicos de la Tesis, mientras que los métodos específicos de cada característica o variable pluviométrica analizada se explican en los correspondientes capítulos.

3.1 Porcentaje de datos registrados

El periodo de cuarenta años 1961-2000 empleado en este estudio tiene un volumen teórico de datos diarios de 14.610, que es el número de días que comprende (periodo 1971-2000, 10.958 días). No obstante, este número total de días no siempre está presente en los registros de las estaciones meteorológicas, por lo que el porcentaje de presencia o ausencia de los datos registrados da lugar en cada caso a un número de datos a procesar variable, tal y como se muestra en la **tabla 2**.

Tabla 2. Datos teóricos (número total de días del periodo), datos reales (número total de días con registros), porcentajes de presencia de datos y porcentajes de ausencia de datos en el periodo 1961-2000 (*1971-2000).

Estaciones	Datos teóricos	Datos reales	Presencia datos	Ausencia datos
	Días	Días	%	%
Cayey	14610	12635	86,5	13,5
Corozal	14610	13887	95,0	5,0
Dos Bocas	14610	13856	94,8	5,2
Guayama	14610	13205	90,4	9,6
Gurabo	14610	14469	99,0	1,0
Isabela	14610	13508	92,5	7,5
Juncos	14610	13569	92,9	7,1
Magueyes	14610	13494	92,4	7,6
Manatí	14610	13259	90,7	9,3
Maunabo	14610	12720	87,1	12,9
Mayagüez	14610	12855	88,0	12,0
Ponce	14610	13808	94,5	5,5
Roosevelt Rds.	14610	12620	86,4	13,6
San Juan	14610	12186	83,4	16,6
Adjuntas *	10958	10841	98,9	1,1
Pico del Este *	10958	10525	96,0	4,0

En la **tabla 2**, se observa la presencia de datos registrados, en valores absolutos y relativos, siempre un 80% o más de los datos posibles, y una ausencia o pérdida de datos, que oscila entre el 0.8% de Adjuntas y el 16.6% de San Juan. Además de San Juan, se observan cuatro estaciones con porcentajes de ausencia de datos iguales o superiores al 12%: Cayey, Maunabo, Mayagüez y Roosevelt Roads.

En cambio, 11 de las 16 estaciones meteorológicas del área de estudio tienen porcentajes de presencia de datos iguales y superiores al 90%: Corozal, Dos Bocas, Guayama, Gurabo, Isabela, Juncos, Magueyes, Manatí, Ponce, Adjuntas y Pico del Este. Asimismo, 6 de estas estaciones, presentan valores porcentuales de presencia de datos iguales y superiores al 95%: Corozal, Dos Bocas, Gurabo, Ponce, Adjuntas y Pico del Este.

3.2 Control de calidad de las medias mensuales

Para garantizar que los registros medios mensuales de precipitación del conjunto del área de estudio presentan una buena calidad, y permiten el cálculo de parámetros estadísticamente significativos, se ha empleado el test de Thom o de las rachas. El test de Thom es la prueba de homogeneidad recomendada por la Organización Meteorológica Mundial para datos climáticos con distribuciones no conocidas o no normales (Sneyers, 1992). El test consiste en contabilizar el número de rachas o tramos de una serie que quedan por encima y por debajo de la mediana, y que dicho resultado se encuentre dentro de un umbral determinado según el número de datos de la serie (Thom, 1966). Tal número de rachas puede simbolizarse mediante R, calculándose entonces el estadístico Z:

$$Z = \frac{R - (n+2)/2}{\sqrt{n\,(n-2)\,/\,4\,(n-1)}}$$

siendo n el número de datos de la serie. Si $|Z| < 1.96$, entonces la serie es homogénea al nivel de confianza del 95% o de significación $\alpha = 0.05$.

Una vez aplicado el test de Thom a todos los valores mensuales de precipitación de las estaciones del área de estudio, separadamente por meses, se contabilizó el número de meses de todas las estaciones meteorológicas que pueden ser considerados aleatorios, y por tanto sus series homogéneas, resumiéndose por estaciones climáticas (invierno: diciembre, enero y febrero; primavera: marzo, abril y mayo; verano: junio, julio y agosto; otoño: septiembre, octubre y noviembre) (**tabla 3**).

Tabla 3. Porcentajes de homogeneidad de las series mensuales, según el test de Thom, agrupados por estaciones climáticas en el periodo 1961-2000 (*1971-2000).

	Invierno	Primavera	Verano	Otoño
	%	%	%	%
Test Thom	72,9	70,8	85,4	85,4

Según se observa en la **tabla 3**, las estaciones meteorológicas del área de estudio muestran porcentajes de homogeneidades de las series mensuales, según el test de Thom, iguales y superiores al 70% en los meses de invierno y primavera, e iguales al 85% en verano y otoño.

3.3 Análisis de correlaciones según la posición geográfica

Para determinar la relación entre la precipitación y la posición geográfica (latitud, longitud y altitud) se ha calculado el coeficiente de correlación de Pearson o r de Pearson, el cual es un índice que mide el grado de covariación entre distintas variables relacionadas linealmente, cuyos valores absolutos oscilan entre -1 y 1 (Pedhazur, 1997). Como es sabido, estos los valores del coeficiente de correlación indican una relación lineal negativa y positiva perfecta, respectivamente, y una correlación próxima a cero indica que no hay relación lineal entre las variables.

Además, para encontrar el nivel de significancia estadística de las correlaciones entre la precipitación y la posición geográfica, se ha calculado el valor p o valor de probabilidad. El valor p se puede definir como el menor nivel de significación al que se puede rechazar la hipótesis nula (Gujarati, 2006). Es decir, el valor p es la probabilidad, cuando la hipótesis nula es cierta, de obtener un valor de la prueba que es igual a, o más extremo, que su valor observado (Gibbons, 1997). En este estudio, se rechaza la hipótesis nula si el valor de p observado es igual o menor que el nivel de significación de 0.05, o $\alpha = 0.05$. En este sentido, esto representa una seguridad del 95% de que la relación que estamos estudiando no sea por el azar.

3.4 Representación espacial de los resultados a través de la cartografía

Para este estudio, se ha representado cartográficamente la distribución de cada variable pluviométrica mediante el método geoestadístico o estocástico de interpolación espacial "kriging" (Matheron, 1971). Este método supone que la variación espacial de la variable a representar puede ser explicada al menos parcialmente mediante la correlación espacial de los datos, en el que la variación espacial de los valores de la variable puede deducirse de los valores circundantes, analizando la correlación espacial entre los datos en función de la distancia y dirección entre ellos y midiendo la varianza entre datos separados por distancias diferentes (Isaaks & Srivastava, 1989; Oliver & Webster, 1990; Royle *et al.* 1981). En este sentido, el método kriging minimiza el error estimado de la varianza de la variable aleatoria. Además, el kriging ha sido utilizado para la estimación espacial de la precipitación con resultados satisfactorios en diversas regiones del mundo (Sun, 2003; Buytaert *et al.* 2006; Ly, 2011).

Por otra parte, para establecer la escala aproximada de los **mapas 3** al **41** utilizados en este trabajo, se ha empleado la distancia de las coordenadas geográficas, específicamente, la distancia en kilómetros de 20 minutos de arco de meridiano. Se ha elegido esta distancia debido a que el marco de las coordenadas geográficas de los mapas está representado en distancias de 20 en 20 minutos, tanto para la latitud como para la longitud. Por tanto, si 1 grado geográfico de latitud equivale a 111km., aproximadamente, cada 20 minutos suponen alrededor de 37km.

4. Capítulo: Precipitación mensual, estacional y anual

4.1 Introducción

En un estudio de la precipitación desde el campo de la Geografía, resulta necesario el tratamiento de la pluviometría mensual y anual, así como, también, de la estacional, aun en el caso de que el objetivo principal sea el análisis de los registros diarios –como ocurre aquí-, como marco y conocimiento previo de la precipitación en el territorio estudiado.

En los análisis climáticos, es bien conocido el análisis de las cantidades medias de precipitación registradas a lo largo de un periodo de tiempo largo, 30 años o más, incluyendo el análisis de la variabilidad de las cantidades de partida. En el caso de este trabajo en particular, estos datos resultan fundamentales para encuadrar y relacionar los resultados que se obtendrán luego al analizar algunas características de la precipitación diaria.

4.2 Metodología

En este capítulo se han calculado las precipitaciones medias mensuales, el régimen estacional y las medias anuales, de todas las estaciones meteorológicas del conjunto del área de estudio, en el periodo 1961-2000 (*1971-2000).

Para el cálculo del ritmo o régimen estacional de la precipitación se han considerado, como es habitual, las siguientes estaciones climáticas:

- Invierno **(I):** del 1 de diciembre al 28/29 de febrero.
- Primavera **(P):** del 1 de marzo al 31 de mayo.
- Verano **(V):** del 1 de junio al 31 de agosto.
- Otoño **(O):** del 1 de septiembre al 30 de noviembre.

Para calcular el régimen estacional, primero, se obtuvo los totales de precipitación estacionales (suma de las precipitaciones medias mensuales correspondientes), siendo expresadas estas cantidades en términos absolutos y relativos.

Segundo, se ha definido el código correspondiente a cada tipo de régimen pluviométrico estacional, ordenando de manera decreciente los valores porcentuales registrados en cada estación del año. Es decir, si el otoño **(O)** es la estación con mayor precipitación seguida del verano **(V),** luego de la primavera **(P)** y, por último, del invierno **(I),** el régimen estacional se denomina de tipo pluviométrico **OVPI.**

Además, en este capítulo se han obtenido las cantidades medias anuales de precipitación (suma de las medias mensuales de precipitación) del conjunto del área de estudio.

4.3 Resultados

4.3.1 Medias mensuales

En la **tabla 4** se presentan las medias mensuales de precipitación (mm) de todas las estaciones meteorológicas. Además, en los **gráficos 1** al **16**, del apéndice, figuran diagramas de pluviosidad de las medias mensuales (mm) de cada una de las estaciones meteorológicas del conjunto del área de estudio.

Tabla 4: Valores medios de precipitación mensual (mm) en el periodo 1961-2000 (* 1971-2000 y ** valor estimado 1961-2000).

Estaciones	E	F	M	A	M	J	J	A	S	O	N	D
	mm	mm	mm	mm	mm	mm	mm	mm	mm	mm	mm	mm
Cayey	128	113	94	131	198	149	188	257	291	264	222	125
Corozal	140	135	142	217	256	99	154	210	257	273	252	207
Dos Bocas	114	111	137	202	332	209	148	227	333	301	240	148
Guayama	71	69	56	60	169	154	176	211	260	285	202	75
Gurabo	112	94	93	117	197	170	170	247	255	228	241	156
Isabela	104	113	112	160	252	218	157	204	209	218	210	146
Juncos	91	96	88	119	226	172	194	249	277	246	273	148
Magueyes	44	41	37	48	98	49	57	106	166	155	139	47
Manatí	143	122	105	167	232	121	142	160	184	212	233	213
Maunabo	116	99	77	94	196	171	183	243	276	275	255	154
Mayagüez	91	96	88	119	226	172	194	249	277	246	273	148
Ponce	31	35	46	57	123	65	73	129	181	200	132	36
Roosevelt Rds.	106	97	92	117	247	154	155	200	231	261	243	162
San Juan	124	99	88	140	222	171	180	208	221	203	245	175
Adjuntas *	58	74	94	149	202	124	153	196	310	268	136	61
Adjuntas **	78	98	125	199	270	165	204	261	413	357	182	81
Pico del Este *	290	279	249	280	454	315	310	364	421	429	469	367
Pico del Este **	387	371	332	374	606	420	414	485	561	572	625	490

En la **tabla 4** y en los **Gráficos 1** al **16**, destaca la "sequía invernal", especialmente centrada en el primer mes de la primavera, marzo, en el que gran parte de las estaciones meteorológicas del área de estudio muestran la cantidad de precipitación mensual media más baja del año. Además, varias estaciones presentan el valor mínimo mensual de lluvia en enero, febrero e incluso en junio. Las cantidades mínimas de precipitación de las medias mensuales en el territorio fluctúan entre los 31 mm de Ponce en enero y los 332 mm de Pico del Este en marzo. A parte de Pico del Este, las otras estaciones meteorológicas con el valor mínimo mensual de precipitación en marzo presenta cantidades comprendidas entre 37 mm y 105 mm, las cuales se extienden principalmente en la mitad este del territorio, Guayama (56 mm), Maunabo (78 mm), San Juan (88 mm), Juncos (88 mm), Roosevelt Roads (92 mm), Gurabo (93 mm), Cayey (95 mm), Manatí (105 mm), y en varios puntos de la región oeste, Magueyes (37 mm) y Mayagüez (88 mm). En cambio, el resto de las estaciones de la mitad oeste del territorio presentan valores mínimos de precipitación mensual en los primeros meses de año: enero, Ponce (31 mm), Adjuntas (78 mm) e Isabela (104 mm); y febrero, Dos Bocas (111 mm). Solo, una estación del área de estudio, Corozal (99 mm), en la región norte, muestra la precipitación media mensual más baja en verano, junio.

Por otra parte, las cantidades medias mensuales más elevadas de precipitación se hayan en los meses de mayo, septiembre, octubre y noviembre. Estas cantidades de precipitación oscilan entre los 166 mm de Magueyes en septiembre y los 625 mm de Pico del Este en noviembre. La mitad de las estaciones meteorológicas del área de estudio presentan la cantidad máxima mensual de lluvia en septiembre, las cuales se encuentran en varios lugares de la mitad este, Gurabo (255 mm), Maunabo (276 mm), Juncos (277 mm) y Cayey (291 mm), y de la mitad oeste, Magueyes (166 mm), Dos Bocas (333 mm), Mayagüez (369 mm) y Adjuntas (413 mm). El siguiente mes que obtiene más máximos mensuales en el área de estudio es octubre, con medias máximas en varios puntos del territorio: costa sur, Ponce (200 mm) y Guayama (285 mm); costa este, Roosevelt Roads (261 mm); región norte, Corozal (274 mm). Asimismo, tres estaciones meteorológicas muestran las cantidades máximas de precipitación en noviembre: costa norte, Manatí (233 mm) y San Juan (245 mm); y en la Sierra de Luquillo, Pico del Este (625 mm). Finalmente, sólo un punto del territorio, en el extremo noroeste, Isabela (253 mm), muestra la cantidad máxima mensual de precipitación en mayo.

En síntesis, las medias mensuales del conjunto del área de estudio muestran una sequía invernal, con mínimos de enero a marzo, principalmente. A partir de marzo, en gran parte del territorio, las cantidades de precipitación inician un ascenso progresivo hasta el mes de mayo. Sólo dos puntos de la mitad oeste del territorio, Ponce y Adjuntas, muestran este ascenso de la precipitación desde el mes de enero. A continuación, en junio, las medias mensuales de precipitación experimentan un leve descenso, a excepción de Dos Bocas e Isabela, las cuales presentan esta disminución de las precipitaciones al mes siguiente, en julio. Es a partir de julio cuando las cantidades medias de precipitación comienzan un segundo incremento, manteniéndose relativamente elevadas hasta el mes de noviembre en buena parte del área de estudio. Posteriormente, en diciembre, las precipitaciones mensuales vuelven a descender notablemente en casi todo el territorio, exceptuando los puntos de Ponce y Adjuntas, que sufren el descenso de las precipitaciones un mes antes, en noviembre.

Por último, se distingue claramente un tipo de régimen o ritmo mensual en el conjunto del área de estudio con ciertas variaciones dependiendo de la ubicación de la estación meteorológica. Este tipo de régimen mensual esencialmente muestra una cantidad destacadamente elevada de precipitación en mayo y unas cantidades máximas de precipitación agrupadas entre los meses de septiembre a noviembre, el cual forma un diagrama en forma de "M", aproximadamente.

4.3.2 Régimen estacional

En este apartado se ha analizado la repartición estacional de las precipitaciones con el objetivo de detectar el comportamiento pluviométrico estacional del área de estudio. Este análisis se ha llevado a cabo en base a valores absolutos y relativos de precipitación estacional, y a los correspondientes regímenes estacionales de precipitación.

4.3.2.1 Valores absolutos de precipitación estacional

En la **tabla 5** se exponen las cantidades medias estacionales de precipitación (mm) que aparecen reflejadas gráficamente en los **mapas 3, 4, 5 y 6.** En esta tabla se pueden apreciar las peculiaridades de cada época del año y las diferencias entre sí.

Tabla 5: Valores medios absolutos (mm) y relativos (%) de precipitación estacional y regímenes estacionales "R. Est." en el periodo 1961-2000 (* 1971-2000 y ** valor estimado 1961-2000).

Estaciones	Invierno		Primavera		Verano		Otoño		R. Est.
	mm	%	mm	%	mm	%	mm	%	
Cayey	365	17	424	20	594	27	776	36	OVPI
Corozal	482	21	615	26	463	20	782	33	OPIV
Dos Bocas	372	15	670	27	584	23	874	35	OPVI
Guayama	216	12	285	16	540	30	747	42	OVPI
Gurabo	362	17	407	20	587	28	724	35	OVPI
Isabela	363	17	525	25	579	28	638	30	OVPI
Juncos	335	15	434	20	615	28	796	37	OVPI
Magueyes	132	13	183	19	212	22	460	47	OVPI
Manatí	478	24	503	25	422	21	629	31	OPIV
Maunabo	368	17	367	17	596	28	807	38	OVIP
Mayagüez	199	9	471	20	806	35	846	36	OVPI
Ponce	102	9	225	20	267	24	513	46	OVPI
Roosevelt Rds.	364	18	456	22	509	25	735	36	OVPI
San Juan	398	19	450	22	559	27	670	32	OVPI
Adjuntas *	193	11	445	24	473	26	714	39	OVPI
Adjuntas **	257	11	594	24	630	26	952	39	
Pico del Este *	936	22	984	23	990	23	1319	31	OVPI
Pico del Este **	1248	22	1312	23	1320	23	1758	31	

En términos generales, el invierno es la época del año que presenta las cantidades de precipitación menos cuantiosas, y el otoño, la época con las precipitaciones más abundantes en el conjunto del área de estudio.

En invierno (**mapa 3**), se observa un notable contraste entre las regiones del este y del oeste, especialmente, si comparamos la cantidad máxima de precipitación de la Sierra de Luquillo, Pico del Este (1.248 mm), con las cantidades de precipitación del resto del territorio. A parte de Pico del Este, las otras cantidades relativamente elevadas de precipitación muestran valores cercanos y superiores a la isoyeta de 400 mm en la región norte, San Juan (398 mm), Manatí (478 mm) y Corozal (482 mm). También, se observa una disminución de los valores a partir de las regiones con cantidades elevadas, hacia el sur y oeste del área de estudio, mostrando un área de transición de sureste a noroeste entre las isoyetas de 300 y 400 mm: región este, Juncos (335 mm), Gurabo (362 mm), Roosevelt Roads (364 mm), Cayey, (365 mm) y Maunabo (368 mm); región noroeste, Isabela (363 mm) y Dos Bocas (372 mm). Al sur de esta área, se encuentran dos estaciones meteorológicas entre las isoyetas de 200 y 300 mm: Guayama (216 mm) y Adjuntas (257 mm). Por último, las cantidades mínimas de precipitación en invierno muestran valores inferiores a la isoyeta de 200 mm en la costa oeste, Mayagüez (199 mm), y en la costa sur, Magueyes (132 mm) y Ponce (102 mm). Esta última presenta la cantidad más baja de precipitación en esta época del año.

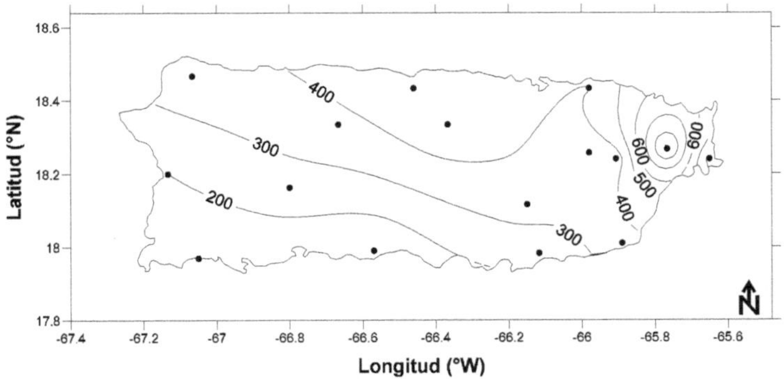

Mapa 3. Valores absolutos (mm) de la precipitación media de invierno en el periodo 1961-2000 (** 1971-2000).

En primavera (**mapa 4**) aumentan levemente las diferencias entre las cantidades de precipitación de las distintas regiones, en especial, en el interior de la región norte. Además, se observa un incremento generalizado de las precipitaciones en todo el territorio, a excepción de Maunabo, que prácticamente mantiene el mismo volumen de precipitación, al presentar un milímetro menos de lluvia en relación al invierno. En primavera las cantidades elevadas de precipitación, al igual que en invierno, se localizan en la Sierra de Luquillo, Pico del Este (1320 mm) y en buena parte de norte del área de estudio, Manatí (503 mm), Isabela (525 mm), Adjuntas (594 mm), Corozal (615 mm), Dos Bocas (670 mm). Asimismo, estas estaciones meteorológicas elevadas junto a Mayagüez experimentan los mayores aumentos de precipitación del área de estudio en relación al invierno, de más de 100 mm. En primavera, el área de transición se sitúa entre las isoyetas de 400 mm y 500 mm: en la región este, Gurabo (407 mm), Cayey (424 mm), Juncos (434 mm), San Juan (450 mm), Roosvelt Roads (456 mm), y en la costa oeste, Mayagüez (471 mm). Finalmente, las precipitaciones mínimas en primavera quedan por debajo de la isoyeta de 400 mm, en la costa sureste, Maunabo (367 mm), e inferior a 300 mm y 200 mm, en la costa sur, Guayama (285 mm), Ponce (225 mm) y Magueyes (183 mm). Esta última estación meteorológica es la única del territorio que mantiene una precipitación estacional inferior a 200 mm, tanto en invierno como en primavera.

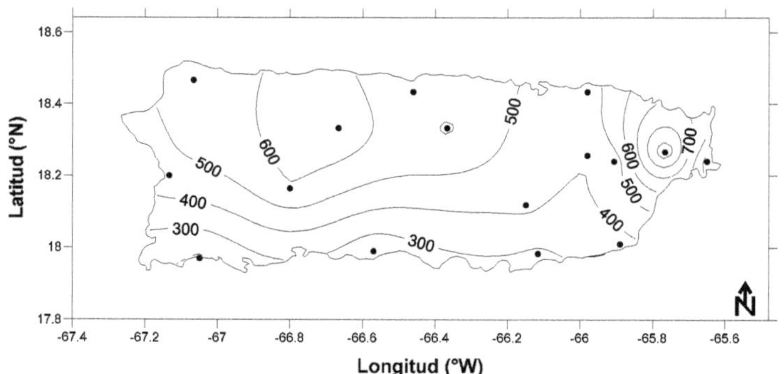

Mapa 4. Valores absolutos (mm) de la precipitación media de primavera en el periodo 1961-2000 (** 1971-2000).

En la época de verano (**mapa 5**), la precipitación máxima registrada del área de estudio, Pico del Este (1312 mm), casi no varía respecto a la primavera. En verano se observa otro valor elevado de precipitación con cantidades por encima de la isoyeta de 800 mm, en la costa oeste, Mayagüez (806 mm). Además, esta última presenta el mayor incremento de precipitación del conjunto del área de estudio en relación a la primavera, superior a 300 mm. Asimismo, en verano se observan varias regiones con cantidades de precipitación superiores a las isoyetas de 500 mm y 600 mm: región noroeste, Isabela (579 mm) y Dos Bocas (584 mm); Cordillera Central, Cayey (594 mm) y Adjuntas (630 mm); y gran parte de la mitad este del territorio, Roosevelt Roads (509 mm), Guayama (540 mm), San Juan (559 mm), Gurabo (587 mm), Maunabo (596 mm) y Juncos (615 mm). Además, es la región este la que en conjunto muestra los mayores incrementos de precipitación en relación a la primavera, con aumentos superiores a 100 mm en San Juan, Cayey, Gurabo y Juncos, y superiores a 200 mm en Maunabo y Guayama. En verano, la región norte es la única que muestra·un descenso de las cantidades de precipitación respecto a la época anterior, con una reducción cercana o superior a 100 mm, aproximadamente, Manatí (422 mm), Corozal (463 mm) y Dos Bocas (584 mm). Por último, las cantidades más bajas de precipitación muestran valores por debajo de la isoyeta de 300 mm, en la costa sur, Ponce (267 mm) y Magueyes (212 mm).

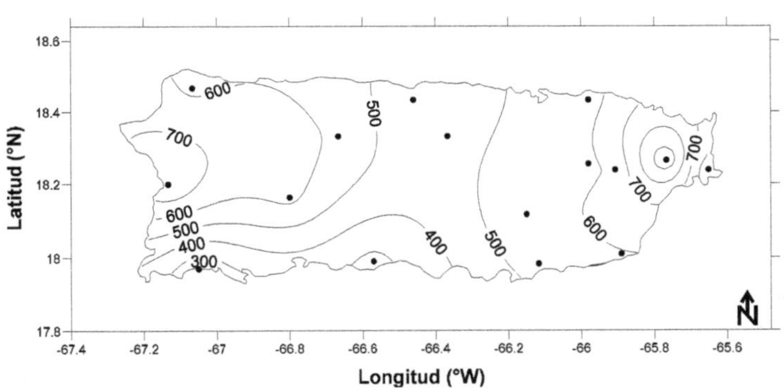

Mapa 5. Valores absolutos (mm) de la precipitación media de verano en el periodo 1961-2000 (** 1971-2000).

El otoño (**mapa 6**), la época más lluviosa, presenta incrementos de precipitación en todo el territorio. En esta época, se observan incrementos de precipitación: superiores a 100 mm en la región este, San Juan, Cayey, Gurabo y Juncos; superiores a 200 mm en la costa sur, Guayama, Ponce y Magueyes, costa sureste, Maunabo, costa este, Roosevelt Roads, y región norte, Manatí y Dos Bocas; y superiores a 300 mm en la Sierra de Luquillo, Pico del Este, en la parte oeste de la Cordillera Central, Adjuntas, y en un punto de la región norte, Corozal. En cambio, en otoño, las estaciones más occidentales del conjunto del área de estudio, Isabela y Mayagüez, a diferencia del verano, no muestran una gran variación en relación a la época anterior.

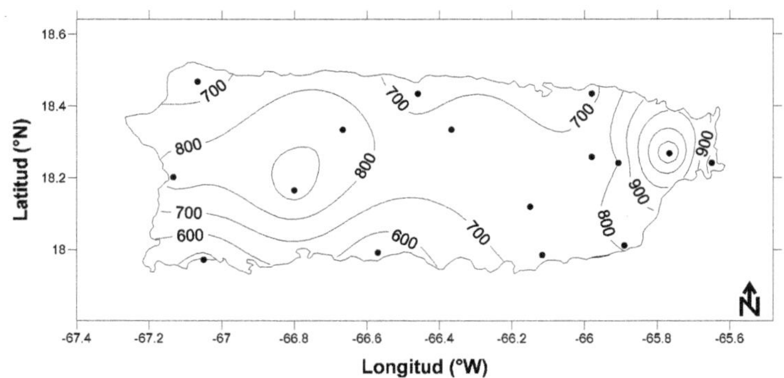

Mapa 6. Valores absolutos (mm) de la precipitación media de otoño en el periodo 1961-2000 (** 1971-2000).

Por otra parte, en otoño, al igual que en el resto de las épocas del año, la cantidad máxima de precipitación del área de estudio se haya en la Sierra de Luquillo, Pico del Este (1758mm). Además de Pico del Este, en otoño se observan varias estaciones meteorológicas en la mitad oeste con cantidades superiores a las isoyetas de 800 y 900 mm: Mayagüez (846 mm), Dos Bocas (874 mm) y Adjuntas (952 mm). De igual magnitud, dos puntos de la región este presentan cantidades cercanas o superiores a 800 mm, Juncos (796 mm) y Maunabo (807 mm). También en otoño se observan dos zonas de transición entre las cantidades máximas de precipitación de las regiones este y oeste, una primera en la región este con cantidades entre las isoyetas de 700 mm y 800 mm, Gurabo (724 mm), Roosvelt Roads (735 mm), Guayama (747 mm), Cayey (776 mm) y Corozal (782 mm), y otra segunda, a lo largo de la costa norte con precipitaciones inferiores a 700 mm, Manatí (629 mm), Isabela (638 mm) y San Juan (670 mm). Finalmente, en otoño, al igual que en las otras épocas del año, la costa sur presenta las cantidades más bajas de precipitación del área de estudio, con valores inferiores a las isoyetas de 600 mm y 500 mm, Ponce (513 mm) y Magueyes (460 mm), respectivamente.

4.3.2.2 Valores relativos de precipitación estacional

En la **tabla 4** se exponen los valores relativos estacionales de precipitación (%) del área de estudio, que aparecen distribuidos espacialmente en los **mapas 7, 8, 9 y 10**.

En invierno (**mapa 7**), los valores porcentuales de lluvia muestran una variación entre el 9% de Ponce y Mayagüez, y el 24% de Manatí. A este último, le siguen porcentajes superiores al 20% en la región norte, Corozal y la Sierra de Luquillo, Pico del Este. En esta época, se observan dos áreas de transición entre los valores extremos, una primera con valores porcentuales superiores a la isolínea del 15%, al este, Roosvelt Roads, Pico del Este, Maunabo, Juncos, Gurabo, San Juan y Cayey, y otra al oeste, con porcentajes iguales o inferiores al 15%, Guayama, Dos Bocas, Adjuntas, Magueyes e Isabela.

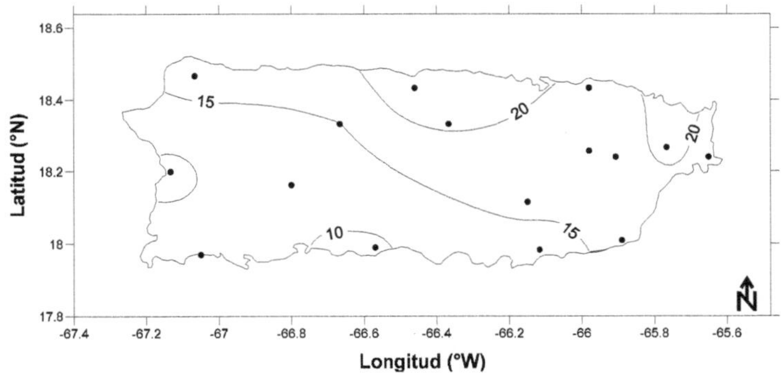

Mapa 7. Valores relativos (%) de la precipitación media de invierno en el periodo 1961-2000 (* 1971-2000).

En primavera (**mapa 8**), los porcentajes de precipitación aumentan levemente en relación al invierno. En primavera, los valores porcentuales de lluvia fluctúan entre los valores extremos del 16% y 27%, de Guayama y Dos Bocas, respectivamente, También, en la región norte se encuentran valores porcentuales mayores al 25%, Manatí y Corozal. En esta época, predominan los porcentajes de precipitación comprendidos entre las isolíneas del 20% y 25% en varios puntos del territorio, Roosevelt Roads, Pico del Este, San Juan, Ponce, Adjuntas e Isabela. Además, en primavera, los porcentajes más bajos de lluvia muestran valores inferiores al 20% en la región sureste del territorio, Maunabo, Guayama, Juncos, Gurabo y Cayey, y en la costa suroeste, Magueyes.

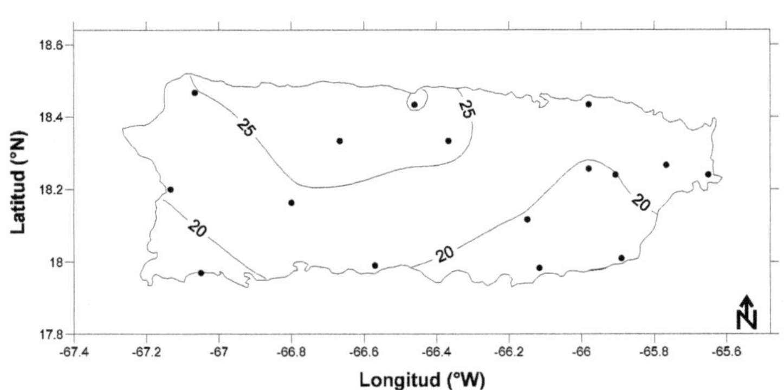

Mapa 8. Valores relativos (%) de la precipitación media de primavera en el periodo 1961-2000 (* 1971-2000).

En verano (**mapa 9**) los porcentajes de precipitación aumentan notablemente en relación a la primavera, sobre un 10% aproximadamente en gran parte del área de estudio. En esta época, los porcentajes de precipitación oscilan entre el valor mínimo del 22% de la costa suroeste, Magueyes, y el valor máximo del 35% de la costa oeste, Mayagüez. A parte de Mayagüez, sólo Guayama, en la costa sur, presenta un valor porcentual superior al 30% de precipitación. En el resto del territorio, por un lado, se observan valores superiores al 25% en gran parte de la mitad este, Roosevelt Roads, Maunabo, Gurabo, Juncos, San Juan y Cayey, y en dos puntos de la mitad oeste, Adjuntas e Isabela; por otro lado, los porcentajes más bajos de precipitación del territorio, inferiores al 25%, se dan en la Sierra de Luquillo, Pico del Este, y en la costa sur, Ponce y Magueyes.

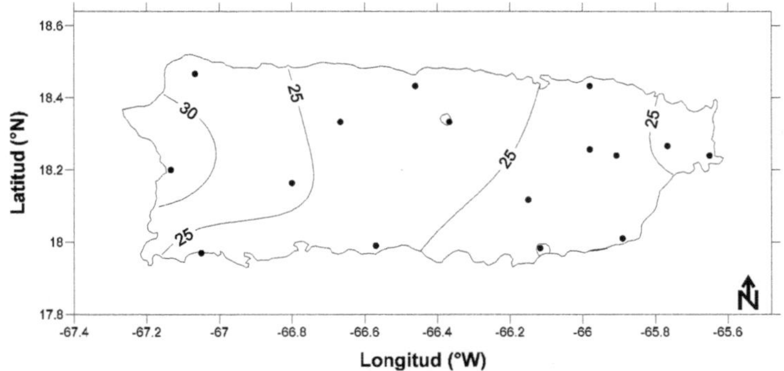

Mapa 9. Valores relativos (%) de la precipitación media de verano en el periodo 1961-2000 (* 1971-2000).

En otoño (**mapa 10**), los porcentajes de lluvia quedan comprendidos entre el valor mínimo del 30% de Isabela y el valor máximo del 47% de Magueyes. Esta época, a diferencia de las otras, presenta los valores porcentuales más elevados de precipitación del territorio en la costa sur, Ponce y Magueyes, con valores superiores al 45%. Además, en otoño, los porcentajes de precipitación aumentan notablemente de sur a norte. En el centro del territorio, se observan valores porcentuales entre las isolíneas del 35% y 40% en la región este, Juncos y Maunabo, en la Cordillera Central, Cayey y Adjuntas, y en la costa oeste, Mayagüez. Asimismo, los porcentajes de precipitación más bajos del territorio se hayan en prácticamente todo el norte del territorio, de este a oeste, con valores inferiores al 35%, Roosvelt Roads, Pico del Este, Gurabo, San Juan, Corozal, Manatí, Dos Bocas e Isabela.

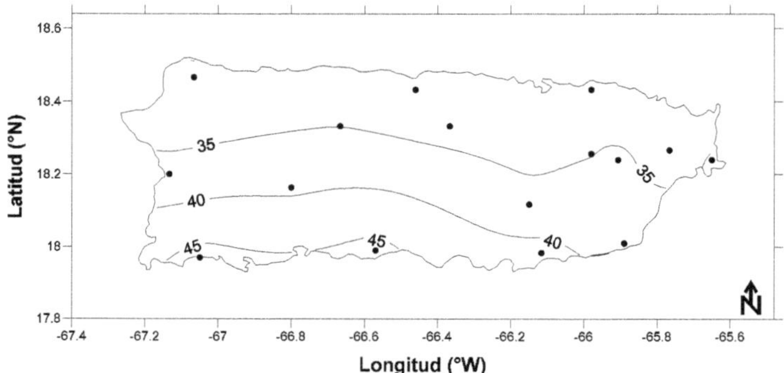

Mapa 10. Valores relativos (%) de la precipitación media de otoño en el periodo 1961-2000 (* 1971-2000).

4.3.2.3 Regímenes estacionales

En la **tabla 4** se presentan los regímenes estacionales "Reg. Est.", que aparecen distribuidos espacialmente en el **mapa 11**. Además, en el apéndice, figuran los diagramas de los ritmos estacionales de precipitación (mm), **gráficos 17** al **32,** y los diagramas de los ritmos estacionales de precipitación (%), **gráficos 33** al **48**, de cada una de las estaciones meteorológicas del conjunto del área de estudio.

En el **mapa 11**, se observan cuatro ritmos pluviométricos distintos en el conjunto del área de estudio: OVPI, OPIV, OPVI y OVIP (I: invierno, P: primavera, V: verano y O: otoño).

El régimen OVPI resulta el más representativo del territorio, al contener 12 de las 16 estaciones meteorológicas del territorio. En segundo término, el ritmo OPIV se haya en dos puntos de la región norte, Manatí y Corozal. El tercer ritmo, OPVI, se localiza en Dos Bocas, el cual presenta ciertas similitudes con el régimen anterior. Por último, el cuarto ritmo de área de estudio, OVIP, se haya en un punto de la costa sureste, Maunabo, que a diferencia de los otros ritmos presenta la primavera como la época de menor precipitación.

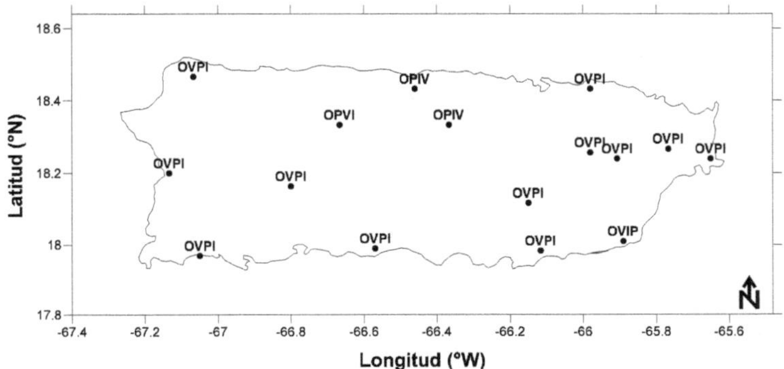

Mapa 11. Regímenes estacionales de precipitación en el periodo 1961-2000 (* 1971-2000).

En conjunto, los ritmos estacionales del área de estudio presentan un máximo otoñal, en el que todas las estaciones meteorológicas superan el 30% de precipitación, llegando incluso a alcanzar el 46 y 47% en Ponce y Magueyes, respectivamente. Además, los regímenes OVPI y OVIP, tienen un segundo máximo de precipitación en verano, y ambas presentan las mismas épocas de menos lluvia, invierno y primavera. En cambio, los ritmos OPIV y OPVI muestran un segundo máximo en primavera y ambas presentan invierno y verano como las épocas de menor precipitación.

Ritmo OVPI

Tal como se observa en el **mapa 11**, el ritmo OVPI se extiende sobre prácticamente todo el territorio, a excepción de la zona central de la región norte y un punto de la costa este. Además, este ritmo presenta la mayor oscilación de los valores porcentuales de precipitación en el área de estudio, en el que los porcentajes de precipitación oscilan entre el 9% de invierno y el 47% de otoño. También, las estaciones meteorológicas con este régimen pluviométrico muestran un incremento continuo de las precipitaciones estacionales a lo largo del año, de invierno a otoño, en el que el invierno y la primavera resultan las épocas menos lluviosas o secas y el verano y el otoño las más lluviosas.

Ritmo OPIV

El segundo de los regímenes estacionales, definido como OPIV, incluye las estaciones meteorológicas de Manatí y Corozal en la región norte. Al igual que el régimen anterior, este ritmo muestra el otoño como la época más lluviosa del año. En cambio, a diferencia del régimen anterior, el ritmo OPIV presenta la primavera como segunda época con mayor precipitación y el verano, como la época de menos lluvia del año. Además, las estaciones meteorológicas que tienen este régimen estacional, Corozal y Manatí, muestran una menor variación entre los porcentajes estacionales mínimo y máximo que el resto del área de estudio, diferencias que fluctúan entre un 13% y 10%, respectivamente. Asimismo, estas estaciones con ritmo OPIV no presentan una gran diferencia entre las épocas de menor precipitación, invierno y verano, las cuales oscilan entre un 1% en Corozal y un 3% en Manatí.

Ritmo OPVI

El tercer régimen estacional del área de estudio, OPVI, en Dos Bocas, al igual que el ritmo anterior OPIV, tiene otoño y primavera como las épocas de mayor precipitación. Además, el régimen OPVI comparte con el primer ritmo OVPI las épocas de mayor precipitación, otoño, y de menor precipitación, invierno.

Ritmo OVIP

Finalmente, el cuarto régimen, OVIP, en Muanabo, a diferencia de los otros ritmos, muestra la primavera como la época de menor precipitación, aunque se ha de señalar que las estaciones con menor precipitación, invierno y primavera, tienen el mismo porcentaje de alrededor del 17%. La diferencia es de tan solo 1 mm.

4.3.3 Media anual

En la **tabla 6** se exponen las cantidades medias anuales de precipitación (mm), que aparecen distribuidas espacialmente en el **mapa 12**.

Tabla 6: Valores absolutos de la precipitación media anual "*P* anual" (mm) en el periodo 1961-2000 (* 1971-2000 y ** valor estimado 1961-2000).

Estaciones	*P* anual mm
Cayey	2078
Corozal	2342
Dos Bocas	2501
Guayama	1787
Gurabo	2080
Isabela	2105
Juncos	2180
Magueyes	987
Manatí	2032
Maunabo	2138
Mayagüez	2323
Ponce	1108
Roosevelt Rds.	2064
San Juan	2078
Adjuntas *	1824
Adjuntas **	2433
Pico del Este *	4228
Pico del Este **	5637

El **mapa 12**, muestra una enorme variación de las medias anuales de precipitación, entre la cantidad mínima de 987 mm de la costa suroeste, Magueyes, y la cantidad máxima de la Sierra de Luquillo de 5637 mm, Pico del Este. Aparte de Pico del Este, que recibe una cantidad de precipitación muy superior al resto del territorio, en otras regiones se recogen cantidades de lluvia importantes, superiores a los 2250 mm, en un punto de la región norte, Corozal (2342mm), y en varios lugares de la región oeste, Mayagüez (2323mm), Adjuntas (2433mm) y Dos Bocas (2500mm). En cambio, buena parte de las estaciones meteorológicas del territorio presentan medias anuales de lluvia entre las isoyetas de 2000 mm y 2250 mm, las cuales se hayan en prácticamente toda la región este, Roosvelt Roads (2064mm), Cayey (2078mm), Gurabo (2080mm), Maunabo (2138mm) y Juncos (2180mm), y en la costa norte, San Juan (2078mm), Manatí (2032mm), e Isabela (2105mm). Por último, las medias anuales de precipitación más bajas del área de estudio se localizan en la costa sur, al igual que la cantidad mínima de Magueyes antes mencionada. En la costa sur se observan medias de precipitación por debajo de la isoyeta de 2000 mm en Guayama e inferior a 1250 mm en Ponce (1108mm).

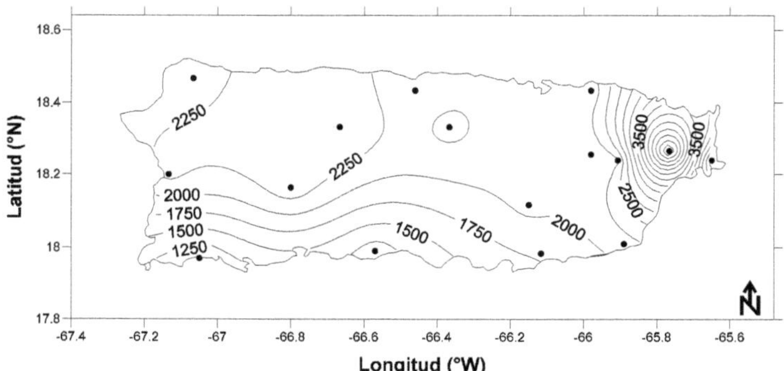

Mapa 12. Valores absolutos (mm) de la precipitación media anual en el periodo 1961-2000 (** 1971-2000).

En consecuencia, en el área de estudio se observan diferencias de más de 1000 mm entre las estaciones de la costa sur y el resto del territorio, llegando incluso a quintuplicarse esta diferencia si la comparamos con la cantidad máxima de Pico del Este.

4.3.4 Análisis de correlación entre la precipitación media estacional y anual, y la posición geográfica

En términos generales, se considera que el factor altitudinal es el que mayor incidencia tiene sobre la precipitación estacional del área de estudio (**tabla 7**). La orografía del territorio está relacionada positivamente con la precipitación en todas las épocas del año, con unas correlaciones significativas de la r de Pearson que oscilan entre los 0.54 de verano y 0.71 de otoño, y unos valores de "p-value" inferiores a 0.05, es decir, estas correlaciones tienen un nivel de confianza mayor del 95% de probabilidad. Esto permite señalar, de acuerdo a la muestra analizada, que la precipitación estacional es mayor en las zonas elevadas del territorio y menor en las zonas bajas (**mapas 3** al **6**). Por otra parte, las posiciones geográficas, longitud y latitud, muestran ciertas relaciones respecto a la precipitación de invierno y primavera. El factor longitudinal en relación a la precipitación de invierno tiene una correlación negativa de -0.50 (valor de p, 0.048), significativa aunque se acerca al umbral de la significación estadística. La precipitación en invierno (**mapa 3**) disminuye notablemente a medida que aumenta la longitud, o, lo es lo mismo, la precipitación decrece de este a oeste del territorio en la citada época del año. Por último, el factor latitudinal presenta una correlación positiva significativa en relación a la precipitación de primavera, con una r de 0.58 (valor de p, 0.048), en que la precipitación en esta época del año (**mapa 4**) disminuye de norte a sur en gran parte del territorio.

Además, en la **tabla 7**, se observa, al igual que en la precipitación estacional, una relación altamente significativa entre la orografía del área de estudio y la precipitación media anual. La precipitación anual muestra una fuerte correlación positiva con la altitud, con una r de Pearson de 0.70 y un valor de p de 0.002, es decir con un nivel de confianza mayor del 99%. En este sentido, de acuerdo a la muestra analizada, se puede señalar que la precipitación anual es más abundante cuanto mayor es la elevación del territorio.

Tabla 7: Análisis de correlaciones con valores de la *r* de Pearson y del valor de *p* entre las cantidades medias de precipitación estacional y anual, y los factores geográficos, latitud (°N), longitud (°W) y altitud (m), del conjunto del área de estudio, en el periodo 1961-2000 (* 1971-2000) (Valores significativos con α=0.05 en negrita).

	Correlación	Latitud (°N)	Longitud (°W)	Altitud (m)
P $\bar{X}$ invierno	r	0.38	**-0.72**	**0.64**
	p-value	0.146	0.001	0.007
P $\bar{X}$ primavera	r	0.37	**-0.55**	**0.81**
	p-value	0.158	0.027	0.000
P $\bar{X}$ verano	r	0.33	**-0.66**	**0.66**
	p-value	0.211	0.005	0.005
P $\bar{X}$ otoño	r	0.34	**-0.61**	**0.74**
	p-value	0.211	0.005	0.005
P $\bar{X}$ anual	r	0.37	**-0.65**	**0.72**
	p-value	0.158	0.006	0.001

4.5 Epílogo

Las distribuciones de las cantidades estacionales y anuales de la precipitación en el área de estudio muestran patrones espaciales similares. En la precipitación estacional como en la anual, los valores extremos se han localizado en la región este, Pico del Este (máximo), y la costa suroeste, Magueyes (mínimo). Además, los valores máximos secundarios de la precipitación estacional y anual se han hallado, principalmente, en una zona central del territorio, que incluye las estaciones meteorológicas de Corozal, Dos Bocas, Adjuntas y Mayagüez.

Los coeficientes de correlación obtenidos en el apartado anterior demuestran que el factor orográfico, en concreto la altitud, es el más relevante respecto a las cantidades estacionales y anuales de precipitación en el conjunto del área de estudio.

Tercera Parte: Análisis de la estructura diaria de la precipitación

5. Capítulo: Frecuencia de la precipitación diaria

5.1 Introducción

En este capítulo, se considera precipitación diaria la cantidad de precipitación recogida en 24 horas igual o superior a 0.01 pulgadas (in). En este sentido, si la cantidad es inferior a 0.01 pulgadas, se considera precipitación inapreciable.

5.2 Metodología

En el presente capítulo se han calculado simplemente las medias del número de días de precipitación anual. Asimismo, se han calculados las medias del número de días de precipitación estacional (invierno, primavera, verano y otoño), así como su frecuencia relativa, del conjunto del área de estudio en el periodo 1961-2000 (*1971-2000).

5.3 Resultados

5.3.1 Media anual del número de días de precipitación

En la **tabla 8** se expone el número total de días del periodo de estudio, número total de días de precipitación y la media anual de días de precipitación. Este último aparece representado espacialmente en el **mapas 13**.

Tabla 8: Número total de días del periodo, número total de días de precipitación "Ni total" y media anual de días de precipitación "Ni $\overline{X}$ anual" en el periodo 1961-2000 (* 1971-2000).

Estaciones	Número de días del periodo	Ni total	Ni $\overline{X}$ anual
Cayey	14610	7452	186
Corozal	14610	7056	176
Dos Bocas	14610	6233	156
Guayama	14610	5657	141
Gurabo	14610	8272	207
Isabela	14610	6344	159
Juncos	14610	6809	170
Magueyes	14610	3289	82
Manatí	14610	6064	152
Maunabo	14610	6898	172
Mayagüez	14610	4919	123
Ponce	14610	3831	96
Roosevelt Rds.	14610	8009	200
San Juan	14610	7815	195
Adjuntas *	10958	5225	174
Pico del Este *	10958	9473	316

El número promedio anual de días de precipitación, al igual que la pluviosidad anual, presenta los mismos valores extremos, valor máximo en la Sierra de Luquillo, Pico del Este (316) y valor mínimo en la costa suroeste, Magueyes (82). De igual forma que el valor máximo, los siguiente valores elevados de días de precipitación se localizan en la región este, los cuales muestran promedios cercanos o superiores a los 200 días de lluvia al año: San Juan (195), Roosevelt Roads (200) y Gurabo (207). Asimismo, se observa una gran extensión del territorio, con valores entre las isolíneas de 150 y 200 días de precipitación, las cuales abrazan estaciones meteorológicas de las regiones norte, Manatí (152), Dos Bocas (156), Isabela (156) y Corozal (176), este, Juncos (170) y Maunabo (176), y la Cordillera Central, Adjuntas (174) y Cayey (186). Por último, los promedios mínimos de días de precipitación anual del área de estudio muestran valores por debajo de las isolíneas de 150 y de 100 días: en la costa oeste, Mayagüez (123); y en la costa sur, Guayama (141), Ponce (96) y Magueyes (82).

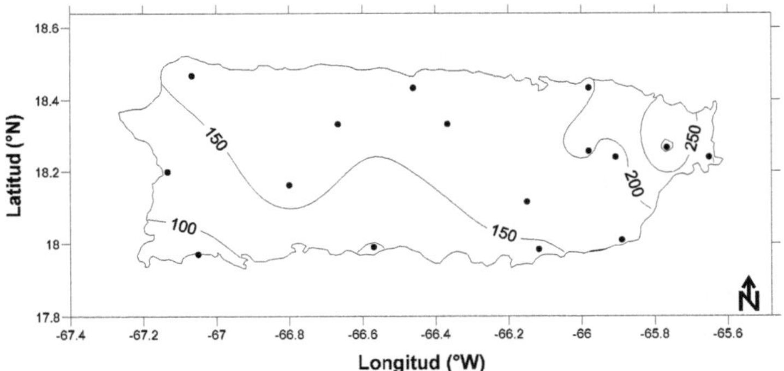

Mapa 13. Media anual de días de precipitación en el periodo 1961-2000 (* 1971-2000).

En el **mapa 13** se observa una disminución del número de días de precipitación de este a oeste y de noreste a suroeste en el territorio.

5.3.2 Media estacional del número de días de precipitación

En la **tabla 9** se exponen las medias de días de precipitación estacional, que aparecen representadas en los **mapas 14, 15, 16 y 17**. Además, en los **gráficos 49** al **64**, del apéndice, figuran diagramas de los regímenes estacionales de días de precipitación de cada una de las estaciones meteorológicas del conjunto del área de estudio.

Tabla 9: Números de días de precipitación estacional *"Ni"* y las medias estacionales de días de precipitación *"Ni $\overline{X}$"* en el periodo 1961-2000 (* 1971-2000).

Estaciones	Invierno		Primavera		Verano		Otoño	
	Ni	*Ni* $\overline{X}$	*Ni*	*Ni* $\overline{X}$	*Ni*	*Ni* $\overline{X}$	*Ni*	*Ni* $\overline{X}$
Cayey	1948	49	1640	41	1929	48	1935	48
Corozal	1818	45	1596	40	1691	42	1951	49
Dos Bocas	1373	34	1480	37	1537	38	1843	46
Guayama	1207	30	1165	29	1645	41	1640	41
Gurabo	2205	55	1714	43	2085	52	2269	57
Isabela	1409	35	1419	35	1738	43	1778	44
Juncos	1616	40	1439	36	1819	45	1935	48
Magueyes	604	15	705	18	776	19	1205	30
Manatí	1550	39	1345	34	1471	37	1698	42
Maunabo	1598	40	1383	35	1934	48	1983	50
Mayagüez	702	18	1098	27	1526	38	1593	40
Ponce	755	19	880	22	906	23	1290	32
Roosevelt Rds.	1948	49	1658	41	2163	54	2241	56
San Juan	1986	50	1606	40	2088	52	2136	53
Adjuntas *	1087	36	1203	40	1268	42	1667	56
Pico del Este *	2338	78	2270	76	2484	83	2381	79

En estos mapas, se observa claramente cuál es el sector que posee el mayor número de días de lluvia del área de estudio, Pico del Este, el cual presenta promedios de días de precipitación por encima de los 70 días, aproximadamente, en cada época del año, con un total anual que, como se ha visto anteriormente, supera los 300 días.

En invierno (**mapa 14**) los días de precipitación en el área de estudio fluctúan entre el valor mínimo de Magueyes (15) en la costa suroeste y, el valor máximo de Pico del Este (78) en la Sierra de Luquillo. A este último, le siguen con mayor número de días de lluvia varias estaciones meteorológicas de la región este, con valores iguales o superiores a los 50 días: San Juan (50) y Gurabo (55). Asimismo, en el interior de la mitad este del territorio se observan estaciones entre las isolíneas de 40 y 50 días de lluvia, Juncos (40), Maunabo (40), Corozal (45), Cayey (49) y Roosevelt Roads (49).Además, en la mitad oeste del área de estudio aparece un área de transición de sureste a noroeste entre las isolíneas de 30 y 40 días de lluvia: Guayama (30), Dos Bocas (34), Isabela (35), Adjuntas (36) y Manatí (39). Por último, los promedios mínimos de días de precipitación del área de estudio son inferiores a 20 días de lluvia en la costa oeste, Mayagüez (18) y, en la costa sur, Magueyes (15) y Ponce (19).

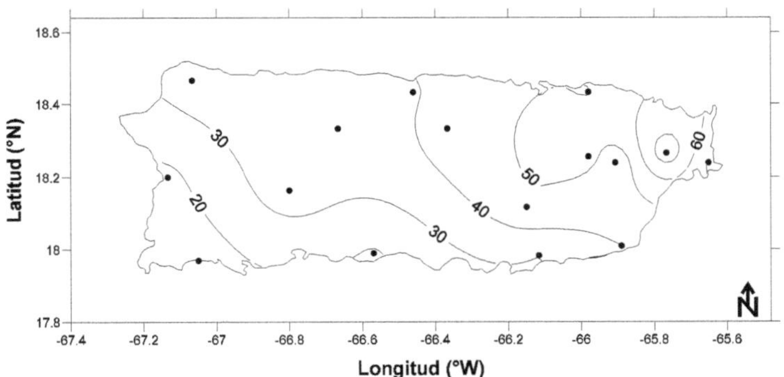

Mapa 14. Media de invierno de días de precipitación en el periodo 1961-2000 (* 1971-2000).

En primavera (**mapa 15**) el promedio de días de lluvia experimenta una disminución notable en relación al invierno en la mitad este del territorio, de entre 10 a 12 días en San Juan y Gurabo, respectivamente. Además, se observa un leve aumento de los días de lluvia en la mitad oeste, con un máximo de hasta 9 días en Mayagüez. Asimismo, las estaciones meteorológicas de la región este del área de estudio, a excepción de Pico del Este, las cuales en invierno mostraban promedios cercanos o mayores a los 50 días de lluvia, en primavera presentan promedios iguales o superiores a 40 días, pero por debajo de 45: San Juan (40), Cayey (41), Roosevelt Roads (41) y Gurabo (43). Por otra parte, en primavera, la franja entre las isolíneas de 30 y 40 días se extiende sobre un mayor número de estaciones del interior y este del territorio en relación al invierno: Manatí (34), Maunabo (35), Isabela (35), Juncos (36), Dos Bocas (37), Corozal (40) y Adjuntas (40). Además, en primavera, respecto al invierno, aparecen estaciones meteorológicas entre las isolíneas de 20 y 30 días, en la costa oeste, Mayagüez (27) y la costa sur, Guayama (29) y Ponce (22). También, en primavera al igual que en invierno, el valor más bajo de días de precipitación del área de estudio, inferior a los 20 días, se registra en la costa suroeste, Magueyes (18).

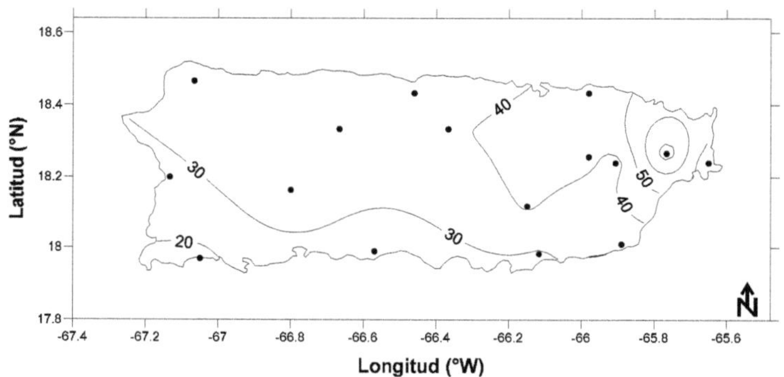

Mapa 15. Media de primavera de días de precipitación en el periodo 1961-2000 (* 1971-2000).

En verano (**mapa 16**), se registra el mayor número de días de precipitación estacional en un observatorio, Pico del Este, con un promedio de 83 días de lluvia. Por otra parte, en verano respecto a la primavera se observa un aumento generalizado de los días de precipitación en todo el territorio.

En verano, al igual que en invierno, se aprecian varias estaciones en la región este con promedios de días de lluvia superiores a los 50 días: San Juan (52), Gurabo (52) y Roosevelt Roads (54). Además, en verano respecto a la primavera, se amplía la franja entre las isolíneas de 40 y de 50 días, sobre el este y el oeste del territorio: Guayama (41), Corozal (42), Adjuntas (42) e Isabela (43), Juncos (45), Cayey (48) y Maunabo (48). Por otra parte, en verano a diferencia de la primavera, se reduce la franja entre las isolíneas de 30 y 40 días, abarcando sólo tres estaciones, Manatí (47), Dos Bocas (48) y Mayagüez (48). Por último, en verano los valores mínimos de días de precipitación presentan prácticamente los mismos valores que en primavera, Magueyes (19) y Ponce (23), experimentando ambos un aumento de tan sólo un día de lluvia.

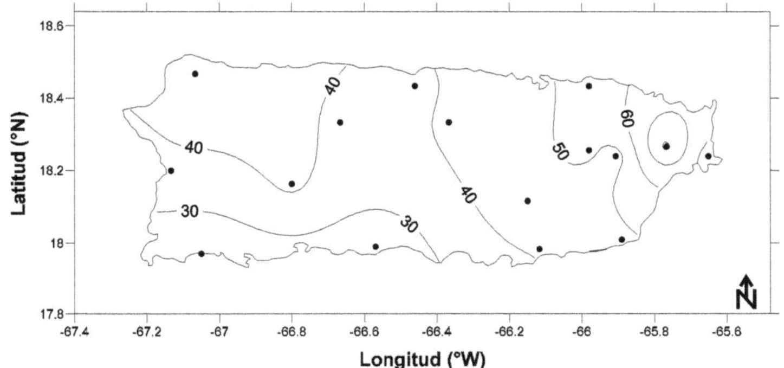

Mapa 16. Media de verano de días de precipitación en el periodo 1961-2000 (* 1971-2000).

En otoño (**mapa 17**), al igual que en verano, los días de precipitación vuelven a incrementarse con respecto a la época anterior, a excepción del valor máximo de Pico del Este (79), el cual presenta una leve disminución de 4 días en relación al verano. Asimismo, en otoño aumenta el número de estaciones meteorológicas con promedios por encima de la isolínea de 50 días de precipitación: en el sector oeste de la Cordillera Central, Adjuntas (56) y en la región este, Maunabo (50), San Juan (53), Roosevelt Roads (56) y Gurabo (57). Ésta última presenta el promedio de días de precipitación estacional más elevado del área de estudio, sin incluir los promedios estacionales de Pico del Este. Además, en otoño, la franja entre las isolíneas de 40 y 50 días se extiende por la región norte y oeste respecto al verano: Mayagüez (40), Guayama (41), Manatí (42), Isabela (44), Dos Bocas (46), Juncos (48), Cayey (48) y Corozal (49). Finalmente, en otoño los promedios mínimos de días de precipitación de la costa sur experimentan incrementos notables en relación al verano, entre 9 y 11 días lluviosos más, con promedios iguales o superiores a los 30 días de lluvia: Ponce (32) y Magueyes (30).

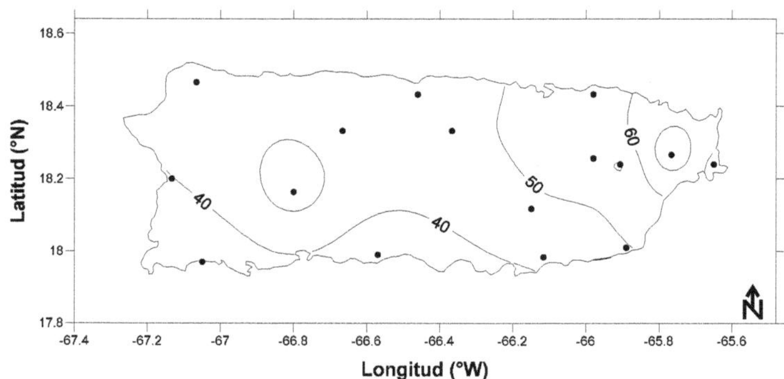

Mapa 17. Media de otoño de días de precipitación en el periodo 1961-2000 (* 1971-2000).

5.3.3 Análisis de correlación entre los promedios de días de precipitación anual y estacional, y la posición geográfica

En general, se aprecia que tanto el factor altitudinal como la longitud presentan, de manera parecida, una notable relación directa sobre los días de precipitación, tanto anual como estacional, en el área de estudio (**tabla 10**). Por un lado, la altitud del territorio muestra correlaciones positivas significativas de la r de Pearson respecto a los días de precipitación, la cual oscila entre el valor de 0.64 para la media de días de precipitación de invierno y 0.74 para la media de días de precipitación de otoño, y con unos valores de p inferiores a 0.01, por lo que estas correlaciones tienen un nivel de confianza mayor del 99%. En este sentido, de acuerdo a la muestra analizada, se puede señalar que los días de precipitación son mayores cuanto mayor es la elevación del territorio y menores cuanto menor es (**mapas 13 al 17**). Por otro lado, el otro factor geográfico, la longitud, aunque tiene correlaciones significativas con la media del número de días de precipitación, presenta unos valores de la r de Pearson ligeramente inferiores a los del factor altitudinal. Además, la longitud del área de estudio, a diferencia de la altitud, muestra correlaciones negativas, que oscilan entre -0.55 de la media de días de precipitación de primavera y -0.72 de la media de días de precipitación de invierno, y con unos valores de p de 0.027 y de 0.001, respectivamente. Se puede señalar, de acuerdo a la muestra analizada, que la precipitación diaria es mayor a menor longitud del territorio y menor a mayor longitud. Es decir, los días de precipitación disminuyen de este a oeste en el área de estudio. En cambio, la latitud no presenta correlación significativa con la frecuencia de la precipitación, ni anual ni estacionalmente (**tabla 10**).

Tabla 10: Análisis de correlaciones con valores de la *r* de Pearson y del valor de *p* entre la media de días de precipitación anual y la media de días de precipitación estacional, y los factores geográficos, latitud (°N), longitud (°W) y altitud (m), del conjunto del área de estudio, en el periodo 1961-2000 (* 1971-2000) (Valores significativos con α=0.05 en negrita).

	Correlación	Latitud (°N)	Longitud (°W)	Altitud (m)
N/X̄ anual	r	0,37	**-0,65**	**0,72**
	p-value	0,158	0,006	0,001
N/X̄ invierno	r	0,38	**-0,72**	**0,64**
	p-value	0,146	0,001	0,007
N/X̄ primavera	r	0,37	**-0,55**	**0,81**
	p-value	0,158	0,027	0,000
N/X̄ verano	r	0,33	**-0,66**	**0,66**
	p-value	0,211	0,005	0,005
N/X̄ otoño	r	0,34	**-0,61**	**0,74**
	p-value	0,197	0,008	0,001

5.4 Epílogo

La distribución del número de días de precipitación anual y estacional presenta unas marcadas pautas longitudinales y altitudinales en el área de estudio. Los valores extremos de días de precipitación se localizan en la región este, Pico del Este, y la costa suroeste, Magueyes. Pico del Este, con 316 días de precipitación al año en promedio, está entre los lugares del mundo con mayor frecuencia de la precipitación. Asimismo, las distribuciones de la frecuencia de la precipitación, tanto anual como estacional, presentan una clara disminución de los días de precipitación de este a oeste del territorio. En definitiva, se puede decir que la frecuencia de la precipitación tiene una mayor importancia en la región este y menor en las regiones oeste y sur.

6. Capítulo: Intensidad de la precipitación diaria

6.1 Introducción

La aproximación al conocimiento de la intensidad de la precipitación se puede realizar a través del análisis de las cantidades máximas de lluvia en un día. Las variaciones en la frecuencia y la intensidad de los eventos de precipitación intensa causan un gran impacto en las sociedades humanas y en el medio ambiente (Kunkel *et al.* 1999). Por esto, resulta de especial interés el análisis de los eventos extremos de precipitación mediante los periodos de retorno; ello ofrece la posibilidad de extender los resultados a periodos más largos que el observacional. El periodo de retorno ayuda a describir la intensidad de la lluvia dando una aproximación de la frecuencia de aparición de los eventos que pueden ser relacionados con la precipitación extrema. Por ejemplo, los valores de precipitación correspondientes a un periodo de retorno de 100 años pueden considerarse indicadores de riesgo de precipitación extrema en un lugar determinado (García, 2003). Además, la magnitud de un fenómeno pluviométrico extremo está relacionado de forma inversa con su frecuencia de ocurrencia, por ejemplo, las precipitaciones intensas ocurren con una frecuencia menor que las moderadas o débiles (Chow, 1993). Para calcular un periodo de retorno se toma, comúnmente, la precipitación máxima en 24 horas de cada año o de cada mes en particular, lo cual asegura la independencia de los sucesos y la serie resultante se ajusta a una distribución de probabilidad de valores máximos (Begueria & Lorente, 1999). Una de las distribuciones más empleadas en el estudio de probabilidad es la función de Gumbel, conocida como distribución doble exponencial, primera asíntota de Fisher-Tippet o función de distribución de valores extremos de tipo I. Varios autores indican que la distribución de Gumbel es una función biparamétrica, en cuya deducción se supone, fundamentalmente, que las observaciones en las cuales se toman los máximos de precipitación son muy numerosas e independientes y que se ordenan de acuerdo a una distribución exponencial (Garrido, 1992; Simiu *et al.*, 2001; Clarke, 2002; Kulathinal & Gasbarra, 2002). En el siguiente capítulo se realizará un análisis extenso de las precipitaciones máximas en 24 horas de cada año mediante la distribución de máximos de Gumbel en el conjunto del área de estudio, con la finalidad de obtener las cantidades máximas esperadas en un día, en relación a los periodos de retorno de 5, 10, 50, 100, 200 y 500 años.

6.2 Metodología

El objetivo principal de este capítulo es la obtención de las cantidades máximas esperadas de precipitación en un día, en relación a distintos periodos de retorno o intervalos de recurrencia en años. En este estudio, se han utilizados los términos periodo de retorno e intervalo de recurrencia media en años para referirse a la recurrencia de la precipitación. Se han incluido ambos términos debido a que en ocasiones el periodo de retorno es interpretado incorrectamente al afirmar que la magnitud de un evento de lluvia T sólo puede ocurrir cada T años, cíclicamente. Sin embargo, la probabilidad de tal magnitud en cualquier período sigue siendo T-1, independientemente de que ocurra tal evento el año próximo o en otro cualquier año (Stedinger, 1993). La expresión "intervalo de recurrencia media" (ARI, por sus siglas en inglés) es propuesta por NOAA para describir la frecuencia de la precipitación, es decir, periodos de retorno (Bonnin et al. 2004). El periodo de retorno o intervalo de recurrencia media de un determinado valor es el número de años que, en promedio, han de transcurrir para que sea igualado o superado. Por ejemplo, si 250 milímetros de lluvia en 24 horas, en una localización determinada, tiene un intervalo de recurrencia media de 100 años, esto significa que, en promedio, se espera que ocurra esta cantidad de lluvia una vez cada 100 años en ese lugar. Eso no significa que no pueda acontecer un evento similar o superior al año siguiente de haber ocurrido, pero luego deberán transcurrir 200 años para que en promedio sea una vez cada 100 años. El periodo de retorno "T" se puede expresar como una probabilidad de ocurrencia o un porcentaje de ocurrencia en cualquier año. Por ejemplo, un periodo de retorno de 100 años se puede interpretar como 1 en 100 de probabilidad de ocurrencia o como un 1% de ocurrencia en cualquier año (**Tabla 11**).

: Periodos de retornos o intervalos de recurrencia media en años y sus correspondientes
probabilidades de ocurrencia en cualquier año y porcentajes de ocurrencia en cualquier año.

T	Prob. de ocurrencia	Porcentaje de
años	en cualquier año	ocurrencia en cualquier año
1	1 en 1	100%
5	1 en 5	20%
10	1 en 10	10%
50	1 en 50	2%
100	1 en 100	1%
200	1 en 200	0,5%
500	1 en 500	0,2%

Para calcular el periodo de retorno se utilizó la siguiente fórmula:

$$T(x) = \frac{1}{\left(1 - F(x)\right)}$$

- $T(x)$: tiempo de recurrencia de una precipitación de x milímetros, en años.

- $F(x)$: probabilidad de ocurrencia anual de un evento inferior a x milímetros de
  precipitación.

De esta manera, cuando la variable aleatoria representa un evento máximo anual, el
periodo de retorno es el valor esperado del número de años que transcurren hasta que
ocurre un evento de magnitud igual o superior que el de un evento predefinido como
crítico o de diseño (Fernández & Salas, 1995).

De igual forma, y especialmente de cara a obtener unas cantidades máximas que puedan
considerarse que pertenecen a una población en sentido estadístico, ajustaremos las
muestras mediante una ley de probabilidad. A su vez, este ajuste presenta unas ventajas
considerables al proporcionar unos valores aproximados para unos periodos de retorno
superiores al compuesto por la muestra. La distribución de máximos de Gumbel es la
distribución de probabilidad más utilizada para el ajuste de las precipitaciones máximas

diarias de cada año, tanto en trabajos y aplicaciones de ingeniería, como en estudios hidrológicos, geográficos, de ordenación del territorio, etc.

Algunas de las características de la distribución de máximos de Gumbel son las siguientes (Gumbel, 1958):

La función de densidad de probabilidad (probabilidad simple) es;

$$F(x) = \alpha\, e - [\,\alpha\,(x\text{-}u) + e^{-e^{-\alpha(x-u)}} \quad \text{siendo } \alpha \text{ y } u \text{ parámetros con } \alpha > 0.$$

La función de repartición (probabilidad acumulada) se reduce a:

$$F(x) = e^{-e^{-\alpha(x-u)}} \qquad , \text{con } -\infty \leq x \leq \infty$$

- La mediana de la población o constante de Euler: $\quad u = \mu - \dfrac{\lambda}{\alpha}$

- La desviación típica: $\quad \alpha = \dfrac{\pi}{\sqrt{6}\cdot\sigma}\quad$, con $\pi = 3.141\ldots$

- La moda o máxima de $F(x)$ se da con $x = u$.

- Los cuartiles son dados por: $\quad x = \dfrac{-\ln(-\ln F(x))}{\alpha} + u$

Donde $F(x)$ es la probabilidad acumulada hasta al cuartil que se busca. El valor de la mediana será: M = $0.367/\alpha + u$, y, por tanto, mayor que la moda.

- Tiene sesgo positivo (coeficiente de Yule = 0.118).

- Es ligeramente leptocúrtica (coeficiente de curtosis percentílico = 0.255).

Por consiguiente, una vez halladas las cantidades de precipitaciones diarias máximas de cada año, es decir, el valor máximo anual de la serie de precipitación máxima en 24 horas en el conjunto del área de estudio, se ha calculado en cada una de las series de precipitación la mediana y la desviación típica, así como los valores de los parámetros α y u.

Finalmente, se ha calculado, mediante la expresión de los cuartiles, los valores máximos de precipitación diaria esperada para los periodos de retorno de 5, 10, 50, 100, 200 y 500 años. Cabe señalar que los valores correspondientes a T superiores a la dimensión de la muestra son sólo indicativos y, por tanto, no se pueden contrastar con valores reales.

6.3 Resultados

6.3.1 Distribución espacial de intensidad diaria de la precipitación

En la **tabla 12** se exponen las cantidades máximas de precipitación diaria (mm) esperada en relación a los periodos de retorno de 5, 10, 50, 100, 200 y 500 años, que aparecen representados en los **mapas 18, 19, 20, 21, 22** y **23**.

Tabla 12. Cantidades máximas de precipitación diaria (mm) esperada en relación a los periodos de retorno de 5, 10, 50, 100, 200 y 500 años en el periodo 1961-2000 (* 1971-2000).

Estaciones	T 5	T 10	T 50	T 100	T 200	T 500
	mm	mm	mm	mm	mm	mm
Cayey	228	292	432	492	551	629
Corozal	158	189	259	288	317	355
Dos Bocas	182	233	347	395	443	507
Guayama	185	228	321	361	400	452
Gurabo	190	240	349	395	441	502
Isabela	118	137	178	195	212	235
Juncos	211	270	400	454	509	581
Magueyes	155	199	294	335	375	428
Manatí	152	187	263	296	328	370
Maunabo	147	177	244	272	300	337
Mayagüez	163	210	313	357	400	458
Ponce	176	225	333	379	425	485
Roosevelt Rds.	128	154	209	232	256	287
San Juan	125	152	213	238	264	297
Adjuntas *	214	277	414	473	531	607
Pico del Este *	246	297	409	457	504	566

En estos mapas, se aprecia una relativa regionalización de la distribución de las cantidades máximas de precipitación diaria en el conjunto del área de estudio, la cual se repita en prácticamente cada uno de los periodos de retorno analizados. Es decir, los mapas muestran regiones con valores parecidos, los cuales son, más o menos, de las mismas estaciones meteorológicas en cada uno de los periodos de retorno.

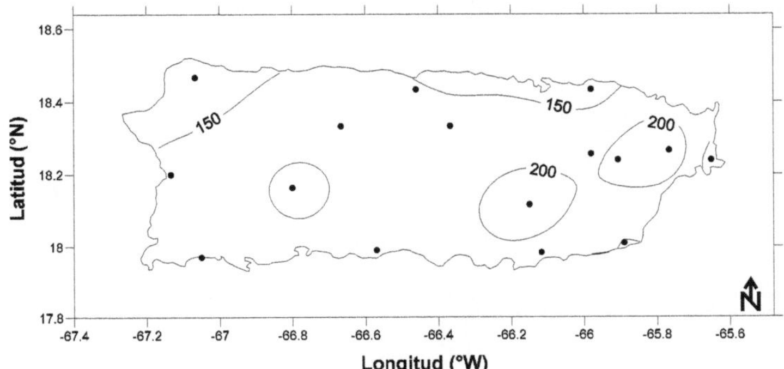

Mapa 18. Cantidades máximas de precipitación diaria (mm) esperada en relación al periodo de retorno de 5 años en el periodo 1961-2000 (* 1971-2000).

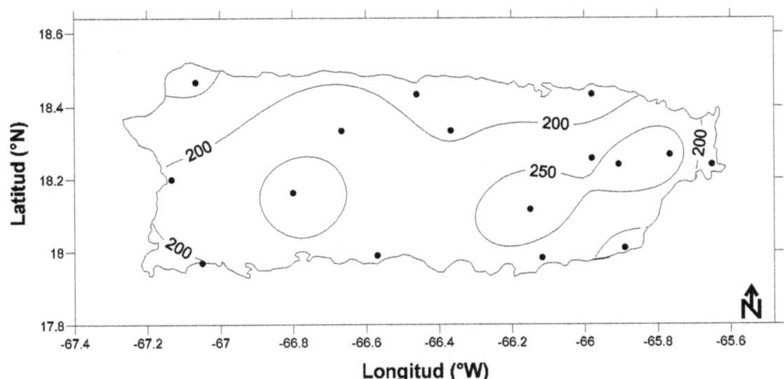

Mapa 19. Cantidades máximas de precipitación diaria (mm) esperada en relación al periodo de retorno de 10 años en el periodo 1961-2000 (* 1971-2000).

101

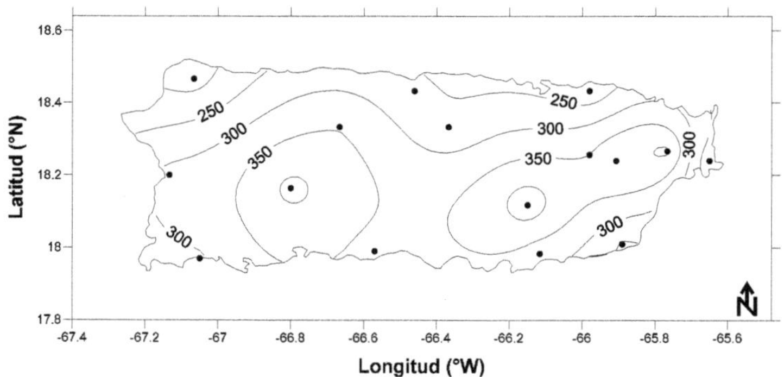

Mapa 20. Cantidades máximas de precipitación diaria (mm) esperada en relación al periodo de retorno de 50 años en el periodo 1961-2000 (* 1971-2000).

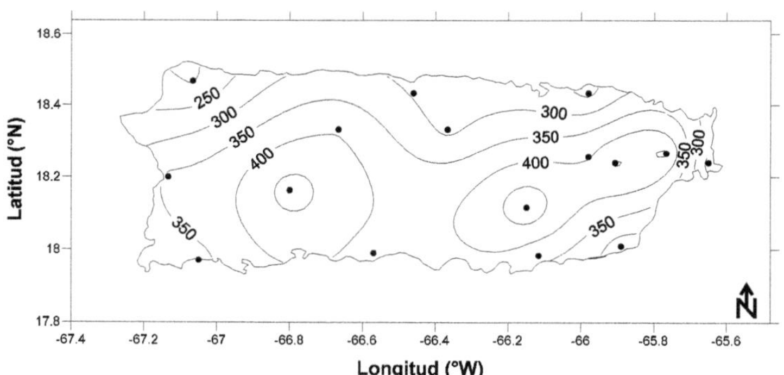

Mapa 21. Cantidades máximas de precipitación diaria (mm) esperada en relación al periodo de retorno de 100 años en el periodo 1961-2000 (* 1971-2000).

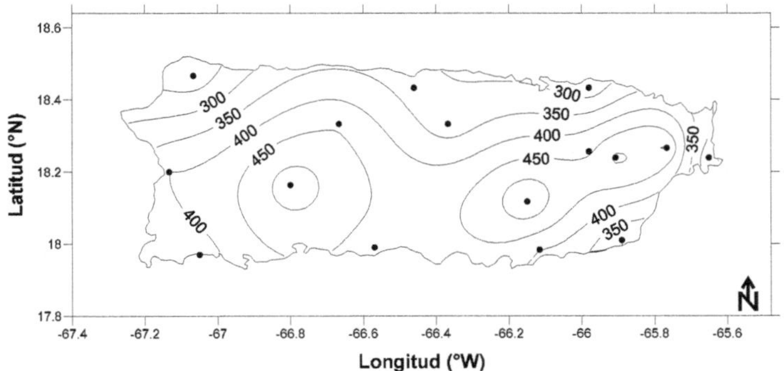

Mapa 22. Cantidades máximas de precipitación diaria (mm) esperada en relación al periodo de retorno de 200 años en el periodo 1961-2000 (* 1971-2000).

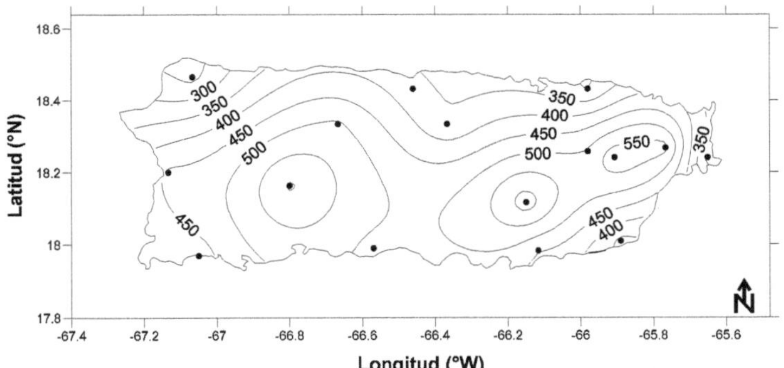

Mapa 23. Cantidades máximas de precipitación diaria (mm) esperada en relación al periodo de retorno de 500 años en el periodo 1961-2000 (* 1971-2000).

Tal como se observa en los valores correspondientes a los diferentes periodos de retorno, las estaciones meteorológicas con una intensidad diaria más elevada son aquellas cuyas cantidades máximas de precipitación esperada superan los 200 mm en relación a cualquiera de los periodos de retorno, las cuales se localizan en el interior de la región este, Juncos y Pico del Este, y en la Cordillera Central, Adjuntas y Cayey. Estas regiones presentan una oscilación de las cantidades máximas de lluvia entre 200 y 600 mm, aproximadamente, para los distintos periodos de retorno: T 5, superiores a 200 mm; T 10, superiores a 250 mm; T 50, superiores a 400 mm; T 100 años, superiores a 450 mm; T 200, superiores a 500 y 550 mm; y T 500 años, superiores a 550 y 600 mm.

A la regiones de valores elevados, le siguen en cuantías de precipitación diaria (**mapas 18** al **23**) las estaciones meteorológicas más próximas a ellas, las cuales son representativas de gran parte centro del territorio, incluyendo, la región este, Gurabo, la región norte, Dos Bocas, la costa oeste, Mayagüez, y la costa sur, Guayama y Ponce. Estas estaciones muestran una fluctuación de las cantidades máximas entre 150 y 450 mm para los periodos de retorno: T 5, superior a 150 mm; T 10, superior a 200 mm; T 50, superior a 300 mm; T 100, superior a 350 mm; T 200, superior a 400 mm; y T 500, superior a 450 y 500 mm. Asimismo, la estación de Magueyes, en la costa suroeste, presenta cantidades máximas similares a las anteriores, aunque levemente inferiores: T 5, superiores a 150 mm; T 10, cercanas a 200 mm; T 50, cercanas a 300 mm; T 100, superiores a 300 mm; T 200, superiores a 350 mm; y T 500, superiores a 400 mm.

Por otra parte, en los **mapas 18** al **23,** se observa una disminución de las cantidades máximas de precipitación diaria a partir de los valores máximos de la Sierra de Luquillo y la Cordillera Central.

También, se observan varias lugares con valores intermedios entre los valores extremos, los cuales se localizan en la costa sureste, Maunabo, y en la región norte, Manatí y Corozal. Estas muestran cantidades máximas entre 150 y 350 mm para los periodos de retorno: T 5, cercanas y superiores a 150 mm; T 10, superiores a 200 mm; T 50, cercanas o superiores a 250 mm; T 100, superiores a 250 mm; T 200, superiores a 300 mm; y T 500, superiores a 300 y 350 mm.

Finalmente, las cantidades máximas menos abundantes de precipitación diaria del área de estudio se encuentran en la costa este, Roosevelt Roads, costa noreste, San Juan, y costa noroeste, Isabela, las cuales muestran una oscilación entre 100 y 300 mm aproximadamente, para los periodos de retorno. De estas estaciones, Roosevelt Roads y San Juan presentan prácticamente las mismas cantidades máximas para los periodos de retorno: T 5, inferiores a 150 mm; T 10, inferiores a 200 mm; T 50, inferiores a 250 mm; T 100, inferiores a 250 mm; T 200, inferiores a 300 mm; y T 500, inferiores a 300 mm. Por último, Isabela en la costa noroeste, muestra las cantidades máximas menos cuantiosas de todo el territorio para los periodos de retorno: T 5, inferiores a 150 mm; T 10, inferiores a 150 mm; T 50, inferiores a 200 mm; T 100, inferiores a 200 mm; T 200, inferiores a 250 mm; y T 500, inferiores a 250 mm.

6.3.2 Análisis de correlación entre la intensidad de la precipitación diaria y la posición geográfica

En términos generales, el factor altitudinal es el que mayor incidencia tiene sobre las precipitaciones máximas diarias en relación a cualquiera de los T analizados en el área de estudio (**tabla 13**). La altitud del territorio obtiene correlaciones positivas significativas con las cantidades máximas esperadas para los diferentes T con unos valores de la r de Pearson que oscilan entre 0.51 y 0.70 y unos valores de p inferiores a 0.05, por tanto, estas correlaciones tienen un nivel de confianza mayor al 95% de probabilidad. Esto permita señalar, de acuerdo a la muestra analizada, que la intensidad máxima de precipitación diaria es más cuantiosa cuanto mayor es la altitud, y al revés a menor altitud.
90

Tabla 13. Análisis de correlaciones con valores de la r de Pearson y del valor de p entre las cantidades correspondientes a T de 5, 10, 50, 100, 200 y 500 años y los factores geográficos, latitud (°N), longitud (°W) y altitud (m), del conjunto del área de estudio, en el periodo 1961-2000 (* 1971-2000) (Valores significativos con α=0.05 en negrita).

	Correlación	Latitud (°N)	Longitud (°W)	Altitud (m)
T 5	r	-0,28	-0,21	**0,70**
	p-value	0,293	0,435	**0,002**
T 10	r	-0,30	-0,15	**0,64**
	p-value	0,258	0,579	**0,007**
T 50	r	-0,33	-0,08	**0,56**
	p-value	0,211	0,768	**0,024**
T 100	r	-0,33	-0,07	**0,54**
	p-value	0,211	0,796	**0,030**
T 200	r	-0,34	-0,05	**0,52**
	p-value	0,197	0,854	**0,038**
T 500	r	-0,34	-0,04	**0,51**
	p-value	0,197	0,883	**0,043**

6.4 Discusión

En líneas generales, la distribución espacial de las lluvias máximas diarias, en relación a los periodos de retorno, evidencia tres sectores principales en el conjunto del área de estudio: una primera, con las mayores probabilidades de alcanzar cantidades elevadas de precipitación diaria, en la Sierra de Luquillo, en el interior de la región este y en la Cordillera Central; una segunda, con cantidades intermedias de intensidad de precipitación diaria, que ocupa gran parte del territorio, y una tercera con cantidades relativamente bajas de intensidad de precipitación diaria en los litorales este, norte y noroeste.

En este sentido, los contrastes entre las cantidades máximas de precipitación esperadas en las zonas de altas montaña y las zonas litorales del área de estudio son muy acusados. Por ejemplo, mientras que en las estaciones meteorológicas de los principales sistemas montañosos se ha de esperar una precipitación máxima superior a 250 mm en un periodo retorno de tan solo 10 años, las estaciones de Roosevelt Roads, en la costa este, y San Juan, en la costa noreste, no logran superar esta cantidad hasta el periodo de retorno de 200 años, e incluso, la estación de Isabela, en la costa noroeste, no alcanza tal cantidad de precipitación ni en un periodo de retorno de 500 años.

Además, los resultados de los distintos periodos de retorno (5, 10, 50, 100, 200 y 500 años) ponen de manifiesto las diferencias entre las intensidades elevadas y bajas del área de estudio. Estas diferencias se magnifican cuanto mayor es el periodo de retorno, en especial a partir de 50 años, en el que se acentúan las diferencias entre las cantidades máximas y mínimas.

Finalmente, podemos añadir que la intensidad de la precipitación diaria está estrechamente relacionada con la orografía del área de estudio, en la que los valores máximos se localizan en los principales sistemas montañosos y los valores mínimos predominan en áreas litorales.

7. Capítulo: Concentración de la precipitación diaria

7.1 Introducción

El estudio de la precipitación diaria no es exclusivo de la Climatología, también es de interés para la sociedad. Además, entender el comportamiento y concentración de la precipitación diaria puede ser de gran ayuda en la planificación del territorio, y en la gestión y conservación de los recursos naturales (Qiang, *et al.* 2009). Asimismo, los patrones de precipitación diaria están cada vez más influenciados por la situación de calentamiento global, aceptada por la comunidad científica, en el que los eventos climáticos extremos (ej. sequías, inundaciones, huracanes, etc.) probablemente acontezcan con mayor frecuencia (IPCC, 2007). También el nivel de agresión de la precipitación sobre el suelo en el medio natural está directamente relacionado con la intensidad y la distribución temporal de la lluvia (Luis *et al.* 1997). Así, la intensidad y las cantidades de precipitación tienen una relación directa sobre la erosión del suelo, haciéndolo más vulnerable, produciendo alteraciones en las estrategias de gestión de su uso, entre otras cosas (Scholz *et al.* 2008).

Por consiguiente, el análisis de la precipitación a resolución diaria resulta imprescindible para entender los fenómenos físicos (meteorológicos, hidrológicos, geomorfológicos, etc.). En este sentido, el estudio a resolución diaria de la irregularidad o concentración pluviométrica diaria puede ser un primer acercamiento para conocer la estructura de la precipitación a una escala temporal fina (Martín-Vide, 1987).

Es bien conocido por la comunidad científica que las distribuciones de frecuencia de las cantidades diarias de precipitación son, en general, ajustables mediante distribuciones exponenciales negativas (Brooks & Carruthers, 1953). Es decir, si se ordenan las cantidades diarias de precipitación y se distribuyen en clases de la misma amplitud, sus frecuencias absolutas decrecen exponencialmente a partir de la primera clase. Dicho de otro modo, existen más días de precipitación con pequeñas cuantías que con cuantías grandes, tantos menos cuanto mayores sean los valores recogidos en un pluviómetro. Estas escasas cuantiosas cantidades de precipitación diaria pueden, sin embargo, tener un considerable peso en el porcentaje total de la lluvia en un determinado lugar, al igual que pueden tener un efecto decisivo sobre la aportación hídrica anual del mismo (Martín-Vide, 2004). El determinar el mayor o menor porcentaje de unas clases y de otras en una estación meteorológica supone una primera aproximación a la estructura temporal de la precipitación.

A lo largo del presente capítulo se enfocará la investigación hacia el cálculo de los porcentajes que aporta, sobre los totales pluviométricos, cada una de las clases en las que se dividen las cantidades diarias de precipitación. Por ello, este capítulo, se dedicará a determinar el impacto relativo o porcentual de las diferentes clases de precipitación diaria y, especialmente, a evaluar el peso de los registros más elevados en la cantidad total, analizando el porcentaje de precipitación acumulado ("Y"), contribuido por un cierto porcentaje de días acumulados ("X") sobre un lugar. Estos porcentajes están relacionados con curvas exponenciales negativas, término normalizado como curvas de lluvia (Jolliffe & Hope, 1996).

Finalmente, este capítulo intenta, metodológicamente, cuantificar las características de la estructura de las cantidades acumuladas de precipitación, contribuido por el número de días acumulados de precipitación, mediante el cálculo del índice de concentración (CI) (Martín-Vide, 2004). Este índice evalúa las diferencias entre los porcentajes de precipitación contribuidos por las diferentes clases. Entre otras cosas, el índice CI es un indicador fiable de la intensidad y erosividad de la precipitación.

7.2 Metodología

7.2.1 Definición del índice de concentración de la precipitación diaria

En este capítulo, se definirá la concentración de la precipitación diaria y el índice de concentración a través de la demostración del ejemplo de la serie pluviométrica de la estación meteorológica de San Juan, durante el periodo 1961-2000 (**Tabla 14**). En la primera columna de la **tabla 14**, se presentan las *clases* o intervalo de clases, ordenadas crecientemente y, en la segunda, las *marcas* o valores representativos de cada clase. La tercera columna, encabezada por *Ni,* muestra el número de días de precipitación registrados en cada clase, o frecuencia absoluta. Por ejemplo, en los 40 años (14610 días) del periodo de estudio se registraron 3586 días lluviosos entre los valores de 0.01 a 0.09 pulgadas, primera clase. Así, a medida que aumentan las clases, disminuye el número de días con precipitación. En la segunda clase el número de días de precipitación se reduce a menos de la mitad (1520 días), con una cantidad de entre 0.10 y 0.19 pulgadas.

Tabla 14. Distribución de frecuencia en clases de 0.10 in, de las frecuencias relativas acumuladas "X" y el correspondiente porcentaje del total de precipitación "Y" en San Juan, en el periodo 1960-2000.

Clases	Marca	Ni	$\sum Ni$	Pi	$\sum Pi$	$\sum Ni\,(\%) = X$	$\sum Pi\,(\%) = Y$
0.01-0.09	0.05	3586	3586	179.30	179.30	45.9	8.3
0.10-0.19	0.15	1520	5106	228.00	407.30	65.3	18.8
0.20-0.29	0.25	766	5872	191.50	598.80	75.1	27.6
0.30-0.39	0.35	465	6337	162.80	761.60	81.1	35.2
0.40-0.49	0.45	317	6654	142.70	904.30	85.1	41.7
0.50-0.59	0.55	240	6894	132.00	1036.30	88.2	47.8
0.60-0.69	0.65	181	7075	117.70	1154.00	90.5	53.3
0.70-0.79	0.75	135	7210	101.30	1255.30	92.3	57.9
0.80-0.89	0.85	108	7318	91.80	1347.10	93.6	62.2
0.90-0.99	0.95	76	7394	72.20	1419.30	94.6	65.5
1.00-1.09	1.05	67	7461	70.40	1489.70	95.5	68.8
1.10-1.19	1.15	46	7507	52.90	1542.60	96.1	71.2
1.20-1.29	1.25	46	7553	57.50	1600.10	96.7	73.8
1.30-1.39	1.35	37	7590	50.00	1650.10	97.1	76.2
1.40-1.49	1.45	30	7620	43.50	1693.60	97.5	78.2
1.50-1.59	1.55	18	7638	27.90	1721.50	97.7	79.5
1.60-1.69	1.65	20	7658	33.00	1754.50	98.0	81.0
1.70-1.79	1.75	23	7681	40.30	1794.80	98.3	82.8
1.80-1.89	1.85	16	7697	29.60	1824.40	98.5	84.2
1.90-1.99	1.95	15	7712	29.30	1853.70	98.7	85.6
2.00-2.09	2.05	9	7721	18.50	1872.20	98.8	86.4
2.10-2.19	2.15	16	7737	34.40	1906.60	99.0	88.0
2.20-2.29	2.25	6	7743	13.50	1920.10	99.1	88.6
2.30-2.39	2.35	8	7751	18.80	1938.90	99.2	89.5

2.40-2.49	2.45	4	7755	9.80	1948.70	99.2	89.9
2.50-2.59	2.55	5	7760	12.80	1961.50	99.3	90.5
2.60-2.69	2.65	6	7766	15.90	1977.40	99.4	91.3
2.70-2.79	2.75	9	7775	24.80	2002.20	99.5	92.4
2.80-2.89	2.85	4	7779	11.40	2013.60	99.5	92.9
2.90-2.99	2.95	4	7783	11.80	2025.40	99.6	93.5
3.00-3.09	3.05	1	7784	3.10	2028.50	99.6	93.6
3.10-3.19	3.15	1	7785	3.20	2031.70	99.6	93.8
3.20-3.29	3.25	3	7788	9.80	2041.50	99.7	94.2
3.30-3.39	3.35	2	7790	6.70	2048.20	99.7	94.5
3.50-3.59	3.55	3	7793	10.70	2058.90	99.7	95.0
3.60-3.69	3.65	3	7796	11.00	2069.90	99.8	95.5
3.70-3.79	3.75	3	7799	11.30	2081.20	99.8	96.1
3.80-3.89	3.85	3	7802	11.60	2092.80	99.8	96.6
3.90-3.99	3.95	1	7803	4.00	2096.80	99.9	96.8
4.00-4.09	4.05	2	7805	8.10	2104.90	99.9	97.1
4.30-4.39	4.35	1	7806	4.40	2109.30	99.9	97.4
4.50-4.59	4.55	1	7807	4.60	2113.90	99.9	97.6
4.60-4.69	4.65	2	7809	9.30	2123.20	99.9	98.0
4.90-4.99	4.95	1	7810	5.00	2128.20	99.9	98.2
6.90-6.99	6.95	1	7811	7.00	2135.20	100.0	98.5
7.00-7.09	7.05	1	7812	7.10	2142.30	100.0	98.9
7.10-7.19	7.15	1	7813	7.20	2149.50	100.0	99.2
8.20-8.29	8.25	1	7814	8.30	2157.80	100.0	99.6
8.80-8.89	8.85	1	7815	8.90	2166.70	100.0	100.0
Suma		7815		2166.70			

En San Juan hubo un total de 7815 días de precipitación (suma de todos los valores de la tercera columna Ni), el cual se observa también en la última fila de la cuarta columna.

En la cuarta columna, $\sum Ni$, aparecen las *frecuencias absolutas acumuladas*, obtenidas sumando las frecuencias absolutas de todas las clases hasta la última clase considerada. El valor de la última clase, en la cuarta columna, ha de coincidir con el número total de días de precipitación. La quinta columna, Pi, es la contribución pluviométrica total de cada clase, la cual se obtiene multiplicando, clase a clase, la segunda por la tercera columna. A pesar de que este último cálculo es una aproximación, al sustituir todas las cantidades de cada clase por su marca o valor central, el procedimiento es lo suficientemente fiable y preciso para el tratamiento estadístico. En la siguiente columna, la sexta o $\sum Pi$, se van acumulando progresivamente los valores de la quinta columna, correspondiendo así el valor de la última clase a la cantidad total de precipitación registrada durante el periodo de estudio, 2166.70 pulgadas.

Finalmente, en las columnas séptima, $\sum n\ i$ (%), y octava, $\sum Pi$ (%), se presentan los porcentajes de las columnas cuarta y sexta, respectivamente. Es decir, la división de cada valor entre el último de la columna multiplicado por cien. Estas columnas pueden comentarse del siguiente modo: Los días de lluvia de la primera clase (0.01-0.09 in) en San Juan representan el 45.9% del total de los días de precipitación y aportan el 8.3% del total pluviométrico. Estos resultados se pueden representar gráficamente, tal y como se muestra en la **figura 2**. En ella vemos que el eje de abscisas, (X), representa los porcentajes de los números acumulados de días de precipitación respecto al total de días de precipitación, $\sum Ni$ (%) (columna séptima), y que el eje de ordenadas, (Y), representa los porcentajes de las cantidades acumuladas de los días de precipitación con respecto a la cantidad total, $\sum Pi$ (%) (columna octava). Véase que la poligonal resultante tiene un aspecto destacadamente exponencial. Este tipo de línea es también conocido como la curva de concentración de Lorenz.

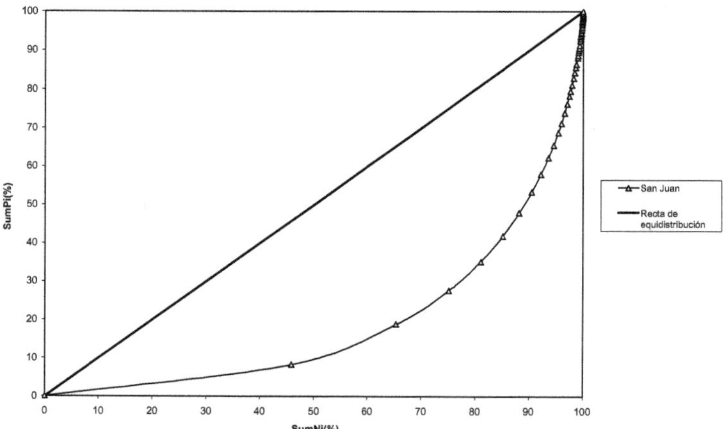

Figura 2: Número acumulado de días de precipitación en relación a la cantidad acumulada de precipitación de la estación meteorológica de San Juan en el periodo 1961-2000.

En la **figuras 2** aparece la recta de equidistribución o regularidad perfecta de la precipitación, representando que las cantidades precipitación diaria son iguales, y dos líneas poligonales o curvas de Lorenz de dos observatorios ficticios. Las curvas de concentración pueden ser evaluadas en función de su distancia relativa con respecto a la recta de equidistribución. De este modo, cuanto mayor es el alejamiento, mayor es la concentración y la irregularidad de la precipitación.

Por ejemplo, en la **figura 3**, la línea poligonal de la estación meteorológica de San Juan hace referencia a un lugar con una menor concentración o irregularidad que la estación meteorológica de Ponce. En consecuencia, un porcentaje de los días más lluviosos en Ponce aporta un porcentaje más significativo a la cantidad total de precipitación que en San Juan. En este estudio, se utilizará como referencia la isopleta 0.61 del valor del índice de concentración de precipitación propuesta por Martín-Vide (2004) para establecer el umbral que distingue las zonas del territorio con valores de irregularidad de la precipitación diaria altos. Un valor de concentración igual o mayor a 0.61 significa que más del 70% del total pluviométrico se concentra en el 25% de los días más lluviosos, aproximadamente.

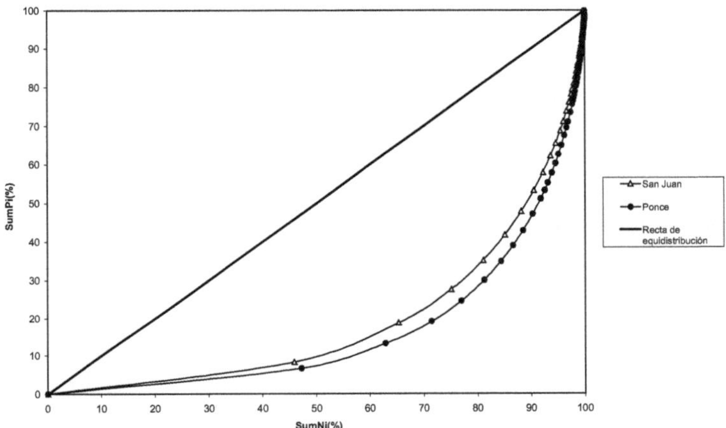

Figura 3: Número acumulado de días de precipitación en relación a la cantidad acumulada de precipitación de las estaciones meteorológicas de San Juan y Ponce en el periodo 1961-2000.

Por otra parte, se observa que el área comprendida entre la recta de equidistribución y las líneas poligonales (S) puede proveer una medida para la irregularidad de precipitación. El conocido índice de concentración de Gini sirve para cuantificarla:

Índice de Gini = $2\,S\,/10000$ \qquad (3)

Sin embargo, se puede perfeccionar el índice de Gini sustituyendo las poligonales por las curvas exponenciales que mejor las ajustan (Jolliffe y Hope, 1996). Los estudios de Riehl (1949), Olascoaga (1950) y Martín-Vide (2004) han introducido el procedimiento de cálculo, que es del tipo:

$$y = a\overline{X}e^{bx} \qquad (4)$$

Siendo a y b dos constantes.

Las constantes a y b de la ecuación (4) pueden determinarse mediante el procedimiento de los mínimos cuadrados, de la siguiente forma:

$$\ln a = \frac{\sum x_1^2 \sum \ln y_1 + \sum x_1 \sum x_1 \ln x_1 - \sum x_1^2 \sum \ln x_1 - \sum x_1 \sum x_1 \ln y_1}{N \sum x_1^2 - (\sum x_1)^2} \qquad (5)$$

$$b = \frac{N \sum x_1 \sum \ln y_1 + \sum x_1 \sum \ln x_1 - N \sum x_1 \ln x_1 - \sum x_1 \sum \ln y_1}{N \sum x_1^2 - (\sum x_1)^2} \qquad (6)$$

Siendo N el número de pares de valores.

Una vez determinadas las dos constantes, la integral definida de la curva exponencial entre 0 y 100 da la superficie comprendida entre la curva, el eje de abscisas y la ordenada 100, que equivale a:

$$s = \left[\frac{a}{b} e^{bx} \left(x - \frac{1}{b} \right) \right]_0^{100} \qquad (7)$$

De esta manera se podrá evaluar la irregularidad o concentración pluviométrica diaria, es decir, la separación que existe entre la curva exponencial y la recta de equidistribución. Restando 5000 (área del triangulo bajo la recta de equidistribución) se obtiene el valor del área comprendida entre la curva, la recta de equidistribución y la ordenada 100 (S´). Por lo que el índice de concentración de la precipitación diaria o CI puede definirse como:

$$CI = \frac{s'}{5000} \qquad (8)$$

Por tanto, el valor de CI es la fracción de S´ respecto al triángulo inferior delimitado por la recta de equidistribución (Martín-Vide, 2004). En este capítulo, se utilizará el índice de concentración para estudiar la estructura estadística de la precipitación diaria en Puerto Rico, aportando además información sobre el comportamiento temporal de la precipitación.

Siguiendo la metodología antes descrita, se han añadido los cálculos del CI de las estaciones seca y lluviosa del año. Se han tomado en cuenta las épocas del año con mayores o menores precipitaciones y se han dividido en seis meses por igual, estableciendo las épocas de verano y otoño como estación lluviosa (de junio a noviembre) y las épocas de invierno y primavera como estación seca (de diciembre a mayo).

7.3 Hipótesis

La mayor o menor concentración de la precipitación diaria está condicionada por el número de días de precipitación respecto a las cantidades totales de precipitación en un lugar. Así si las aportaciones relativas más elevadas son aportadas por parte de un reducido porcentaje de días lluviosos, el lugar presenta una alta concentración o irregularidad de la precipitación diaria. En este sentido, una hipótesis sobre la distribución espacial de los valores de irregularidad para el área de estudio debe tomar en consideración las características principales de la precipitación en relación a la circulación atmosférica general y las particularidades pluviométricas de cada región. Los flujos del este o vientos alisios sobre el océano Atlántico, si se presentan en forma de ondas tropicales del este, muy inestables, dan lugar a abundante precipitación, al tiempo que refuerzan las lluvias de origen orográfico y las precipitaciones puramente convectivas.

Por tanto, se ha de esperar que las áreas a barlovento de los principales sistemas montañosos presenten mayor irregularidad de la precipitación diaria por el efecto barrera que ocasionan estos sistemas a las ondas del este y frentes fríos.

De acuerdo a esta conjetura se plantea la siguiente hipótesis:

La irregularidad de la precipitación diaria aumenta en los lugares a barlovento de los principales sistemas montañosos.

Por otra parte, cabe plantear también la siguiente hipótesis, que puede justificarse por la exclusividad de los mecanismos pluviométricos tropicales en el sur del territorio estudiado:

La irregularidad de la precipitación diaria en el área de estudio aumenta con la disminución de la latitud.

7.4 Resultados

7.4.1 Índice CI

En la **tabla 15** se exponen los valores del índice de concentración de precipitación anual, CI, que aparecen representados en el **mapa 24**.

Tabla 15. Valores de las constantes *"a"* y *"b"* de las curvas exponenciales, valores del índice de concentración de precipitación diaria *"CI"* y porcentaje de precipitación aportado por el 25% de los días más lluviosos *"P %"* en el periodo 1961-2000 (* 1971-2000).

Estaciones	a	b	CI	P %
Cayey	0,022	0,037	0,65	73.8
Corozal	0,026	0,036	0,62	71.7
Dos Bocas	0,028	0,035	0,62	70.9
Guayama	0,021	0,037	0,65	73.8
Gurabo	0,022	0,037	0,65	74.3
Isabela	0,031	0,034	0,61	70.2
Juncos	0,032	0,033	0,62	70.8
Magueyes	0,022	0,037	0,65	73.6
Manatí	0,033	0,033	0,61	69.8
Maunabo	0,033	0,033	0,61	70.2
Mayagüez	0,043	0,031	0,57	67.1
Ponce	0,016	0,040	0,67	75.8
Roosevelt Rds.	0,023	0,037	0,64	72.8
San Juan	0,031	0,034	0,61	70.5
Adjuntas *	0,021	0,038	0,64	73.2
Pico del Este *	0,043	0,031	0,58	67.6

En el **mapa 24**, se observa un predominio de valores del CI iguales y superiores a 0.61, que, tal como se mencionara anteriormente en la metodología, es el umbral a partir del cual puede hablarse de alta concentración, correspondiente, aproximadamente, a que el 25% de los días más lluviosos aportan el 70% o más del total pluviométrico (Martín-Vide, 2004). Sólo dos estaciones meteorológicas del área de estudio, Mayagüez, en la costa oeste, y Pico del Este, en la Sierra de Luquillo, muestran valores del CI por debajo de

0.61, las cuales presentan las concentraciones de la precipitación diaria más bajas del territorio, con valores mínimos del CI de 0.57 y de 0.58, respectivamente. En este sentido, estos puntos del territorio tienen una distribución de las precipitaciones más equitativas que el resto del territorio, al representar el 25% de los días más lluviosos menos del 70% del total pluviométrico.

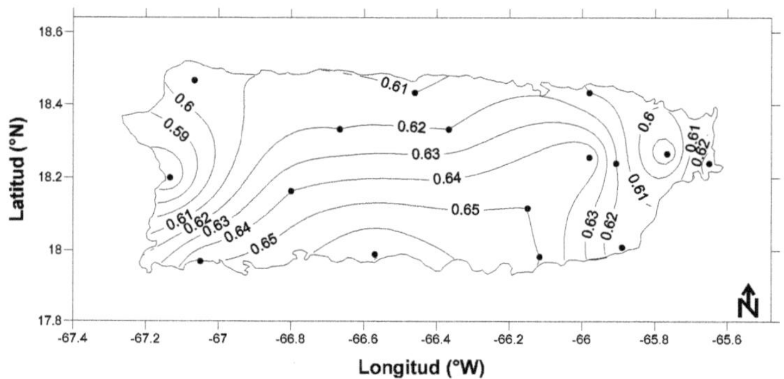

Mapa 24. Valores del índice de concentración de precipitación diaria en el periodo 1961-2000 (*1971-2000).

En cambio, el valor máximo del área de estudio se observa en el área central de la costa sur, Ponce, con un CI de 0.67, donde el 25% de los días más lluviosos constituye el 76% del total pluviométrico (ver **tabla 15**). Aparte de las estaciones con los valores mínimos del área de estudio, los siguientes valores menos elevados del CI se localizan a lo largo de la costa norte, San Juan, Manatí, e Isabela, y en la costa sureste, Maunabo, las cuales muestran un valor de 0.61. Además, en el **mapa 24**, se observa un aumento progresivo del CI sobre el territorio desde la costa norte hasta la costa sur. En el mapa, este aumento se aprecia primero en las estaciones meteorológicas del interior de la región norte, Dos Bocas y Corozal, y de la región este, Juncos, las cuales presentan un CI de 0.62. Asimismo, se observa que el CI aumenta en la parte oeste de la Cordillera Central, Adjuntas, y en la costa este, Roosevelt Roads, ambas con un CI de 0.64. Finalmente, se observan valores significativamente elevados del CI en una extensa zona del área de estudio, la cual ocupa el interior de la región este, Gurabo, la parte este de la Cordillera Central, Cayey, y gran parte de la costa sur, entre las estaciones de Guayama, al este, y Magueyes, al oeste; todas estas estaciones muestran un CI igual a 0.65.

7.4.2 Índice CI estacional

En la **tabla 16** se presentan los valores de los índices de concentración de la precipitación de la estación lluviosa, CI Ll, y de la estación seca, CI S, que aparecen representados en los **mapas 25** y **26**.

Tabla 16. Valores del índice de concentración de precipitación de la estación lluviosa "CI Ll" y de la estación seca "CI S" en el periodo 1961-2000 (* 1971-2000).

Estaciones	CI Ll	CI S
Cayey	0.66	0.63
Corozal	0.61	0.64
Dos Bocas	0.60	0.64
Guayama	0.65	0.64
Gurabo	0.65	0.64
Isabela	0.60	0.64
Juncos	0.61	0.61
Magueyes	0.65	0.64
Manatí	0.60	0.62
Maunabo	0.61	0.60
Mayagüez	0.56	0.59
Ponce	0.67	0.65
Roosevelt Rds.	0.64	0.63
San Juan	0.61	0.61
Adjuntas *	0.62	0.66
Pico del Este *	0.58	0.58

Los índices de concentración de la precipitación diaria de la estación lluviosa "CI Ll" en el área de estudio (**mapa 25**) muestran una oscilación bastante similar al CI anual, con la diferencia de que el valor mínimo, Mayagüez (CI Ll, 0.58), aumenta levemente, mientras que el valor máximo, Ponce (CI Ll, 0.67), se mantiene igual.

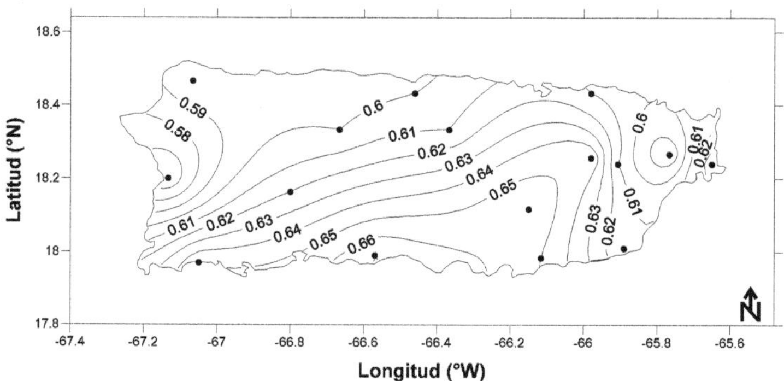

Mapa 25. Valores del índice de concentración de precipitación diaria en la estación lluviosa en el periodo 1961-2000 (*1971-2000).

Además, el CI Ll aparenta mantener una distribución espacial similar a la del CI anual, aunque una parte de las estaciones meteorológicas experimentan una disminución apreciable de una a dos centésimas en los índices de concentración de la precipitación diaria, las cuales se encuentran en la mitad noroeste del área de estudio: costa norte, Manatí (CI Ll, 0.60) e Isabela (CI Ll, 0.60); interior de la región norte, Corozal (CI Ll, 0.61) y Dos Bocas (CI Ll, 0.60); interior de la región este, Juncos (CI Ll, 0.61); y parte oeste de la Cordillera Central, Adjuntas (CI Ll, 0.62).

Por otra parte, en el CI Ll sólo dos estaciones meteorológicas del área de estudio muestran un leve aumento del índice de concentración, en una centésima respecto al CI anual. Estas estaciones se encuentran en las zonas de valores bajos y elevados de concentración de la precipitación diaria, Mayagüez (CI Ll, 0.58) y Cayey (CI Ll, 0.66), respectivamente, siendo este último el segundo mayor valor de concentración de la precipitación en la estación lluviosa.

Por último, en el CI Ll, el resto de las estaciones meteorológicas del territorio no presentan variación en los valores en relación al CI anual, las cuales se ubican en la región este y sur: Pico del Este (CI Ll, 0.58), San Juan (CI Ll, 0.61), Maunabo (CI Ll, 0.61), Roosevelt Roads (CI Ll, 0.64), Gurabo, (CI Ll, 0.65), Guayama (CI Ll, 0.65) y Magueyes (CI Ll, 0.65).

Por otro lado, los índices de concentración de la precipitación diaria de la estación seca
"CI S" en el área de estudio (**mapa 26**) presentan algunas diferencias en relación a los CI
anteriores. Principalmente este índice de concentración muestra una oscilación entre los
valores mínimos y máximos un poco menor que los anteriores: en la Sierra de Luquillo,
Pico del Este (CI Ll, 0.58) y en la parte oeste de la Cordillera Central, Adjuntas (CI Ll,
0.66), como valores extremos.

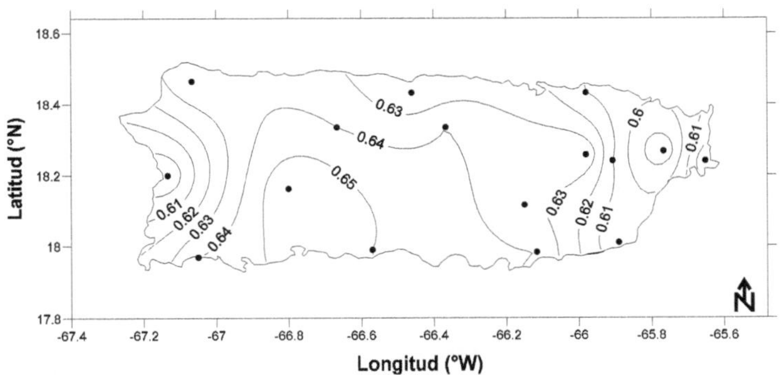

Mapa 26. Valores del índice de concentración de precipitación diaria en la estación seca en el periodo
1961-2000 (* 1971-2000).

Asimismo, el CI S se distingue claramente del CI anual y CI Ll, al mostrar un área más
extensa de valores elevados de concentración, en la mitad noroeste del área de estudio,
especialmente, en la región norte, y valores levemente inferiores, en toda la costa sur y
este, y en el interior de la región este. Asimismo, se observa un incremento del índice de
concentración en la mitad noroeste del área de estudio: de una centésima en la costa norte,
Manatí (CI S, 0.62); de dos centésimas en la costa oeste, Mayagüez (CI S, 0.59); el
interior de la región norte, Corozal (CI S, 0.64) y Dos Bocas (CI S, 0.64); y la parte oeste
de la Cordillera Central, Adjuntas (CI S, 0.66); y de tres centésimas en la costa noroeste,
Isabela (CI S, 0.64). Esta última estación es la que experimenta la mayor diferencia de la
concentración de la precipitación diaria estacional respecto al CI anual y al CI Ll. En
cambio, en CI S los valores disminuyen ligeramente en relación a los de CI anual, en una
centésima en la costa sureste, Maunabo (CI S, 0.60), la costa este, Roosevelt Roads (CI
S, 0.63), la costa sur, Guayama (CI S, 0.64) y Magueyes (CI S, 0.64), y en el interior de
la región este, Gurabo (CI S, 0.64). Además, en este índice los valores disminuyen dos

centésimas en la parte este de la Cordillera Central, Cayey (CI S, 0.63), y en el centro de la costa sur, Ponce (CI S, 0.65).

7.4.3 Análisis de correlación entre el índice de concentración de la precipitación diaria (CI y CI estacional) y la posición geográfica

En este capítulo, el factor latitudinal es el único que tiene una incidencia directa sobre la concentración de la precipitación diaria en el área de estudio (**tabla 17**).

Los índices de concentración anual, CI, y de concentración de la estación lluviosa, CI Ll, muestran una relación negativa respecto a la latitud del territorio, con unos valores de la r de Pearson de -0.52 y -0.58, respectivamente. Esto permite señalar, de acuerdo a la muestra, que la concentración de la precipitación en el área de estudio aumenta a medida que disminuye la latitud (**mapas 24 y 25**).

Tabla 17: Análisis de correlaciones con valores de la *r* de Pearson y del valor de *p* entre el índice de concentración de precipitación anual, CI, y los índices de concentración de la estación lluviosa, CI Ll, y de la estación seca, CI S, y los factores geográficos, latitud (°N), longitud (°W) y altitud (m), del conjunto del área de estudio, en el periodo 1961-2000 (* 1971-2000) (Valores significativos con α=0.05 en negrita).

	Correlación	Latitud (°N)	Longitud (°W)	Altitud (m)
CI	*r*	**-0,52**	-0,08	-0,27
	p-value	*0,038*	*0,768*	*0,311*
CI Ll	*r*	**-0,58**	-0,20	-0,24
	p-value	*0,018*	*0,457*	*0,370*
CI S	*r*	-0,16	0,33	-0,25
	p-value	*0,553*	*0,211*	*0,350*

7.5 Discusión

Según el umbral de referencia de irregularidad de la precipitación (isopleta 0.61), antes indicado, observamos que los resultados del CI anual muestran índices elevados de irregularidad en una parte considerable del área de estudio. Esta área de irregularidad de la precipitación se extiende desde la costa norte hasta la costa sur, incluyendo la Cordillera Central y parte del interior de la región este. Además, los valores del CI aumentan drásticamente al oeste de la Sierra de Luquillo, siete centésimas entre Pico del Este y Gurabo. Asimismo, al sur y suroeste de la Cordillera Central se encuentran los valores más elevados del CI, ≥ 0.65, del territorio. Ello se debe a la influencia que ejercen los principales sistemas montañosos sobre la circulación atmosférica general. También, estos lugares con alta concentración de la precipitación sugieren el efecto de eventos ciclónicos como ondas o vaguadas, durante las cuales se pueden registrar grandes cantidades de precipitación. Es decir, estos lugares pueden vincularse significativamente a precipitaciones torrenciales, al concentrar en pocos días de lluvia una gran parte de las cantidades totales de la precipitación anual.

En cambio, las regiones con registros mínimos del CI, Pico del Este y Mayagüez, presentan unas características pluviométricas diferentes entre sí. La precipitación en Pico del Este es principalmente de tipo orográfico y, en cambio, Mayagüez experimenta con más frecuencia una precipitación de tipo puramente convectivo. De igual forma, estas estaciones meteorológicas experimentan una menor irregularidad o un reparto mejor distribuido de las cantidades diaria de precipitación del área de estudio.

Además, la frecuencia de la precipitación de tipo convectivo puede tener una influencia considerable en la concentración de precipitación diaria que se observa en la costa norte, San Juan, Manatí e Isabela, y en la costa sureste, Maunabo. La concentración de precipitación en estos lugares sugiere una precipitación más uniforme producto de la interacción entre la brisa marina y los vientos alisios.

Por último, el valor relativamente elevado del CI en la costa este, Roosevelt Road, puede deberse a que, por su ubicación, ésta no experimenta precipitaciones frecuentes de tipo orográfico o convectivo y depende, mayoritariamente, de las precipitaciones asociadas a ondas tropicales del este y algunos frentes fríos.

Por otra parte, la regionalización del índice CI estacional está claramente influenciada por las características pluviométricas del territorio, como se observa en la similar regionalización del CI anual y del CI de la estación lluviosa. La diferencia más relevante entre una y otra es que la concentración de la precipitación diaria en la estación lluviosa es moderadamente inferior al CI anual en la región noroeste y además, se reduce el área de alta concentración (≥ 0.65). En cambio, la estación seca, que, aunque no rompe excesivamente esta regionalización, conserva las áreas de registros mínimos o de regularidad de la precipitación diaria, sí amplia el área de irregularidad (≥ 0.61) respecto al CI anual y al de la estación lluviosa, al igual que se reduce el área de mayor irregularidad (≥ 0.65). El CI en la estación seca presenta una mayor área con valores relativamente elevados, de 0.63 y 0.64, en las regiones noroeste y sur, y además, agrupa los valores máximos entre el centro y el sur del área de estudio.

En resumen, la diferencia entre ambas estaciones del año es causada en gran medida por la disminución y baja frecuencia de la precipitación de tipo convectiva y orográfica en la estación seca. No obstante, en la estación lluviosa, estos tipos de precipitación tienen una relación importante en la concentración de la precipitación. Las precipitaciones convectivas y orográficas no son frecuentes en la estación seca al coincidir ésta en los meses de invierno, cuando los mecanismos atmosféricos no son los óptimos para que se produzcan estos patrones pluviométricos, ya que la alta presión inhibe el ascenso del aire. Por el contrario, la estación lluviosa se produce a lo largo de los meses de verano y otoño, que es cuando se registra un reforzamiento de los vientos alisios y, a su vez, un aumento de la brisa marina. Este aumento de ambos flujos de aire favorece la convergencia entre ellos durante las horas diurnas, dando lugar a precipitaciones de tipo convectivo. Además, el predominio de los vientos alisios, al igual que la presencia de la brisa marina, en la estación lluviosa, contribuye a que se produzcan con mayor frecuencia lluvias de tipo orográfico en las cumbres de las altas montañas.

8. Capítulo: Persistencia de la precipitación diaria

8.1 Introducción

Las variables meteorológicas, como la precipitación, pueden revelar comportamientos repetidos en forma de secuencias constituidas por días sucesivos con el mismo carácter lluvioso o seco (Martín-Vide, 1987). En este sentido, la ocurrencia de secuencias de varios días seguidos lluviosos o secos revela de forma clara que la probabilidad de que vuelva a acontecer al día siguiente el mismo fenómeno (día lluvioso o seco) aumenta respecto a la probabilidad simple de que ocurra. Como consecuencia, se habla de una cierta dependencia de ocurrencia entre los valores registrados sucesivos de una misma variable.

El primero en estudiar esta relación de dependencia entre días sucesivos lluviosos fue E. V. Newnham (1916), quien mostró que las probabilidades de día de lluvia o de día seco no son constantes, sino que dependen de las condiciones meteorológicas de los días previos. Por ejemplo, él observó que en Aberdeen, Escocia, la probabilidad de día lluvioso después de día lluvioso (0.67%) es mayor que la probabilidad de día lluvioso después de día seco (0.50%). De igual manera, la probabilidad aumenta progresivamente a medida que aumentan los días lluviosos anteriores, por ejemplo, la probabilidad de día lluvioso después de tres días lluviosos (0.76%) es mayor que la probabilidad de día lluvioso después de dos días lluviosos (0.70%).

En la década de los sesenta, Gabriel y Neuman (1962), Caskey (1963) y Erikson (1965) analizaron la ocurrencia de la precipitación mediante el modelo de la cadena de Markov y hallaron que la probabilidad de que un día cualquiera sea lluvioso depende exclusivamente del estado del día anterior, sea éste seco o lluvioso. Una década más tarde, Todorovic y Woolhiser (1975) argumentaron que, aunque la dependencia afecta a los días previos, la probabilidad se estabiliza a medida que aumenta la sucesión de días lluviosos. Esta dependencia o propiedad de las variables meteorológicas recibe el nombre de *persistencia* y deriva, en última instancia, de la inercia que presentan los tipos de circulaciones atmosféricas y las situaciones sinópticas (Martín-Vide, 1987).

8.2 Metodología

En este capítulo se ha contabilizado el número de secuencias lluviosas registradas en el conjunto del área de estudio y desglosado según su longitud o duración. Definimos una secuencia o racha como una sucesión continua en el tiempo de un estado previamente determinado, en nuestro caso, la presencia apreciable de precipitación diaria (> 0.01 pulgadas). Asimismo, se considera que una secuencia es lluviosa cuando la sucesión de días de precipitación está antecedida por un día seco y finalizada por un día seco. Por ejemplo, una secuencia de dos días lluviosos se representa de la siguiente forma: 0-1-1-0 y una secuencia de tres días lluviosos: 0-1-1-1-0, donde "1" es día con precipitación apreciable y "0" día sin precipitación apreciable o día seco.

Una vez contabilizadas todas las secuencias lluviosas se ha calculado la duración media, en días, de las secuencias lluviosas. Además, se ha representado la secuencia lluviosa máxima registrada de cada estación meteorológica. También, se ha contabilizado el número total de secuencias lluviosas iguales o superiores a 7 y 10 días de duración.

Por otra parte, se han calculado las probabilidades empíricas de las secuencias lluviosas de 2, 5, 7, 10 y 15 días de duración. Finalmente, se han analizado las correlaciones de los resultados de los cálculos anteriores de secuencias lluviosas con la ubicación geográfica (latitud y longitud) y la altitud de las estaciones meteorológicas del área de estudio mediante el coeficiente de correlación de Pearson (r), con el objetivo de detectar relaciones entre ellas.

Cabe señalar que se ha aplicado la regla de tres o de proporcionalidad en los valores totales de secuencias lluviosas iguales o superiores a 7 y 10 días de duración de las estaciones de Adjuntas y Pico del Este, las cuales tienen registros de 30 años (1971-2000), con el fin de que sean comparables con las valores totales de secuencias lluviosas de las demás estaciones meteorológicas con registros de 40 años (1961-2000).

8.3 Hipótesis

En este capítulo el objetivo general va a consistir en el tratamiento empírico de secuencias lluviosas. Se van a contabilizar los diferentes tipos de secuencias lluviosas según su longitud y se analizarán las distribuciones de sus probabilidades. Además, se regionalizará la distribución de las secuencias constituidas por días de precipitación según su duración y número de días de precipitación. Este enfoque supone un avance en el conocimiento de la estructura temporal de precipitación diaria. En él no se consideran las cantidades de precipitación diaria, sino la ocurrencia o no del fenómeno en sucesiones de días.

Por último, teniendo en cuenta el comportamiento pluviométrico del área de estudio y la dinámica atmosférica regional, la hipótesis que se plantea en este capítulo es la siguiente:

Los números de días y la probabilidad de las secuencias lluviosas aumentan a menor longitud y a mayor elevación del terreno.

8.4 Resultados

8.4.1 Duración media de las secuencias lluviosas

En la **tabla 18** se presentan las duraciones medias, en días, de las secuencia lluviosas en el conjunto del área de estudio, que aparecen representadas en el **mapa 27**.

Tabla 18. Número total de días de precipitación "*Ni* total", número total de secuencias lluviosas "Sec total" y duración media, en días, de las secuencias lluviosas "Sec media" en el periodo 1961-2000 (* 1971-2000).

Estaciones	*Ni* total	Sec total	Sec media Días
Cayey	7452	2537	3
Corozal	7056	2525	3
Dos Bocas	6233	2593	2
Guayama	5657	2518	2
Gurabo	8273	2612	3
Isabela	6344	2732	2
Juncos	6809	2455	3
Magueyes	3290	2036	2
Manatí	6064	2507	2
Maunabo	6898	2208	3
Mayagüez	4919	2327	2
Ponce	3831	2169	2
Roosevelt Rds.	8010	2872	3
San Juan	7816	2692	3
Adjuntas *	5225	2030	3
Pico del Este *	9473	832	11

En el **mapa 27**, la duración media de las secuencias lluviosas en el área de estudio fluctúa entre dos y tres días de duración, principalmente, a excepción de la Sierra de Luquillo, Pico del Este, la cual presenta la duración media máxima de secuencias lluviosas del área de estudio, de 11 días consecutivos de lluvia, aproximadamente. Las estaciones meteorológicas con un promedio de duración de secuencia lluviosa cercano a los tres días se localizan en la región este y en la Cordillera Central: Adjuntas (2.6); Corozal (2.8);

Roosevelt Roads (2.8); Juncos (2.8); San Juan (2.9); Cayey (2.9); Maunabo (3.1); y Gurabo (3.2). En cambio, las estaciones con un promedio de duración de secuencia lluviosa próximo a dos días de duración se observan en la mitad oeste del área de estudio: Dos Bocas (2.4); Manatí (2.4); Isabela (2.3); Guayama (2.2); Mayagüez (2.1); Ponce (1.8); y Magueyes (1.6). Esta última presenta el promedio de secuencia lluviosa más bajo del territorio.

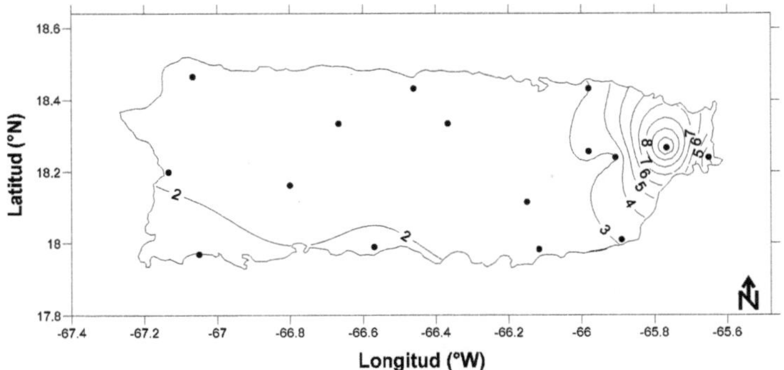

Mapa 27. Duración media de secuencias lluviosas, en días, en el periodo 1961-2000 (* 1971-2000).

Por último, se puede observar en el **mapa 27** una progresiva disminución de la duración media de las secuencias lluviosas de este a oeste, acusándose, especialmente, de noreste a suroeste.

133

8.4.2 Duración máxima de las secuencias lluviosas

En la **tabla 19** se presentan las secuencia lluviosas de mayor duración, en días, en el conjunto del área de estudio, que aparecen representadas en el **mapa 28**.

Tabla 19. Número de días y fecha de la secuencia lluviosa máxima "Sec max" en el periodo 1961-2000 (* 1971-2000).

Estaciones	Sec max	Fecha Sec max	
	Días	Meses	Años
Cayey	30	13 febrero - 13 marzo	1976
Corozal	34	3 diciembre - 5 enero	1984-1985
Dos Bocas	22	30 octubre - 20 noviembre	1986
Guayama	18	2 junio - 19 junio	1996
Gurabo	45	29 noviembre - 12 enero	1984-1985
Isabela	22	27 noviembre - 18 diciembre	1975
Juncos	25	17 septiembre - 11 octubre	1964
Magueyes	8	19 octubre - 26 octubre	1990
Manatí	27	2 mayo - 28 mayo	1965
Maunabo	33	7 diciembre - 8 enero	1988-1989
Mayagüez	21	17 febrero - 8 marzo	1995
Ponce	27	5 octubre - 31 octubre	1990
Roosevelt Rds.	24	28 septiembre - 21 octubre	1990
San Juan	22	16 noviembre - 7 diciembre	1998
Adjuntas *	30	23 septiembre - 22 octubre	1990
Pico del Este *	101	3 junio - 11 septiembre	1999

Las secuencias lluviosas más extensas oscilan entre el extraordinario valor máximo de 101 días en la Sierra de Luquillo, Pico del Este, y el valor mínimo de 8 días en la costa suroeste, Magueyes. Aparte de estos valores extremos, gran parte del área de estudio muestra secuencias lluviosas con una duración cercana o superior a tres semanas. La segunda secuencia máxima más larga se encuentra en el interior de la región este, Gurabo, con una duración de 45 días. Además, en la mitad este se observan secuencias lluviosas entre las isolíneas de 30 y 40 días: Cayey (30), Corozal (34) y Maunabo (35).

En cambio, gran parte de las estaciones meteorológicas del área de estudio muestran secuencias máximas entre las isolíneas de 20 y 30 días: la costa oeste, Mayagüez (20); la región este, Juncos (24) y Roosevelt Roads (24); la región norte, San Juan (22), Isabela (22), Dos Bocas (22), y Manatí (27); y un sector de la costa sur, Ponce (27). Por último, las estaciones con las secuencias lluviosas máximas más cortas del área de estudio se localizan en la costa sur, las cuales muestran una duración media por debajo de la isolínea de 20 días: Guayama (18) y el valor mínimo de Magueyes (8).

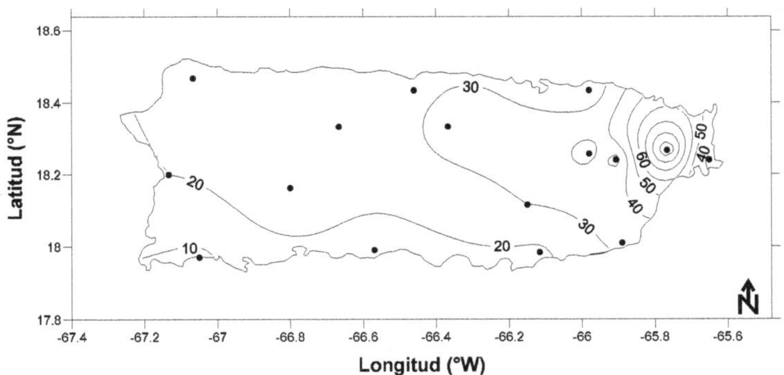

Mapa 28. Duración máxima de secuencia lluviosa, en días, en el periodo 1961-2000 (* 1971-2000).

Por otra parte, cabe señalar, según se observa en la **tabla 19**, que las secuencias lluviosas de más duración de las estaciones de Roosevelt Roads, Ponce, Adjuntas y Magueyes ocurren aproximadamente en las mismas fechas, entre los meses de septiembre y octubre del año 1990. Asimismo, las fechas de las secuencias lluviosas máximas de las estaciones de Gurabo y Corozal coinciden entre los meses de diciembre y enero de los años 1984 y 1985, aproximadamente. Finalmente, es de especial interés resaltar la extensa duración de la secuencia lluviosa de Pico de Este, de 101 días ininterrumpidos de lluvia, entre los meses de junio a septiembre del año 1999. En el **mapa 28**, se distingue un claro descenso de este a oeste de la longitud de las secuencias lluviosas más largas del territorio.

8.4.3 Distribución de casos respecto a la duración de secuencias lluviosas

8.4.3.1 Secuencias lluviosas iguales o superiores a 7 días de duración

En la **tabla 20** se presentan las secuencias lluviosas iguales o superiores a 7 días
duración, que aparecen representadas en el **mapa 29**.

Tabla 20. Número total de secuencias lluviosas iguales o superiores a 7 y 10 días de duración en el
periodo 1961-2000 (* 1971-2000 y ** valor estimado 1961-2000).

Estaciones	Sec ≥ 7	Sec ≥ 10
Cayey	213	81
Corozal	186	67
Dos Bocas	109	36
Guayama	107	36
Gurabo	264	109
Isabela	101	28
Juncos	198	70
Magueyes	10	0
Manatí	122	36
Maunabo	241	120
Mayagüez	71	14
Ponce	22	4
Roosevelt Rds.	223	72
San Juan	235	83
Adjuntas *	130	44
Adjuntas **	173	59
Pico del Este *	428	332
Pico del Este **	571	443

Las secuencias lluviosas iguales o superiores a 7 días presentan una fluctuación entre el
valor máximo de 571 secuencias en la Sierra de Luquillo, Pico del Este, y el valor mínimo
de 10 secuencias en la costa suroeste, Magueyes. Al igual que Pico del Este, la segunda
estación meteorológica con el mayor número de secuencias lluviosas en este umbral se
encuentra en la región este, específicamente en el interior de la región, Gurabo (264).

Además, en esta región, se observan números de secuencias lluviosas en este umbral cercanos o mayores a la isolínea de 200 secuencias lluviosas: Juncos (198); Cayey (213); Roosevelt Roads (223); San Juan (235); y Maunabo (241). A estas estaciones, le siguen números de secuencias lluviosas entre las isolíneas de 150 y 200 en la parte oeste de la Cordillera Central, Adjuntas (173), y en la región norte, Corozal (186).

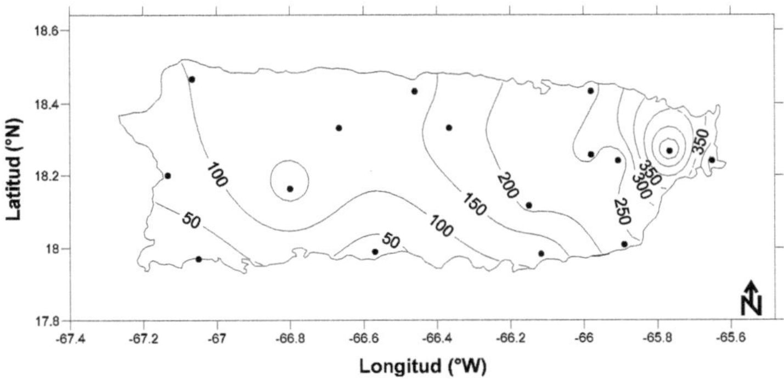

Mapa 29. Número de secuencias lluviosas iguales y superiores a 7 días en el periodo 1961-2000 (** 1971-2000).

Por otro lado, en el **mapa 29** se muestran números de secuencias lluviosas entre las isolíneas de 100 y 150, en la región norte, Manatí (122), Isabela (101), Dos Bocas (109); y en el sector más al este de la costa sur, Guayama (107). Finalmente, se observan números de secuencias lluviosas inferiores a 100, en la costa oeste, Mayagüez (71), e inferiores a las 50, en la costa sur, Ponce (22).

8.4.3.2 Secuencias lluviosas iguales y superiores a 10 días de duración

En la **tabla 20** se presentan las secuencias lluviosas iguales o superiores a 10 días duración, que aparecen representadas en el **mapa 30**.

Los números totales de secuencias lluviosas que igualan o superan los 10 días de duración oscilan entre el valor máximo de Pico del Este (438) y el valor mínimo de Magueyes (0), es decir, no contiene ninguna secuencia lluviosa de 10 o más días de duración. Además de Pico del Este, los otros valores elevados para este umbral se localizan en la región este, con números mayores a las 100 secuencias en Gurabo (109) y Maunabo (120). También en esta región y en la parte oeste de la Cordillera Central se encuentran estaciones con más de 50 secuencias lluviosas de una duración igual o superior a 10 días: Adjuntas (59); Corozal (67); Juncos (70); Roosvelt Road (72); Cayey (81) y San Juan (83). En cambio, gran parte de la mitad oeste del área de estudio muestra valores inferiores a las 50 secuencias lluviosas: Dos Bocas (36); Guayama (36); Manatí (36); Isabela (28); Mayagüez (14); y Ponce (4).

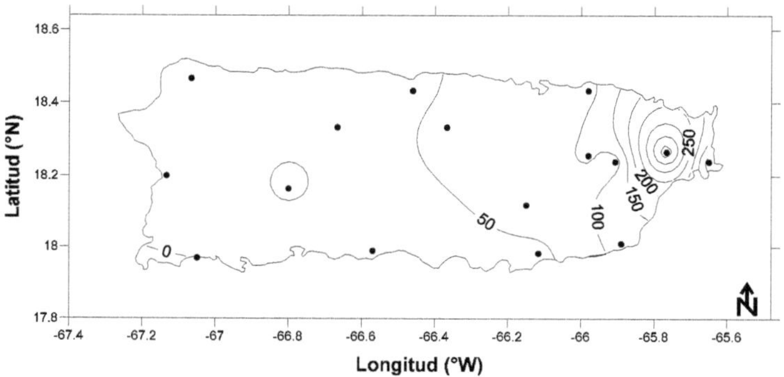

Mapa 30. Número de secuencias lluviosas iguales y superiores a 10 días en el periodo 1961-2000 (** 1971-2000).

La distribución de las secuencias lluviosas cuyas longitudes igualan o superan los 7 y 10 días de duración parece tener un cierto patrón longitudinal, con una distribución este-oeste y, en algunos casos, noreste-suroeste. Además, la diferencia entre los valores de Pico del Este y del resto de las estaciones meteorológicas aumenta considerablemente cuando se incrementan los umbrales de duración de la secuencia lluviosa.

8.4.4 Probabilidad empírica de secuencias lluviosas de 2, 5, 7, 10 y 15 días

En la **tabla 21** se presentan las probabilidades empíricas (en porcentaje) de ocurrencia de secuencias lluviosas de exactamente 2, 5, 7, 10 y 15 días, que aparecen representadas en los **mapas 31, 32, 33, 34 y 35**.

Tabla 21. Probabilidad empírica porcentual de las secuencias lluviosas de 2, 5, 7, 10 y 15 días de duración en el periodo 1961-2000 (* 1971-2000).

Estaciones	P Sec 2	P Sec 5	P Sec 7	P Sec 10	P Sec 15
	%	%	%	%	%
Cayey	23,4	5,6	2,3	0,9	0,2
Corozal	22,6	5,0	2,1	0,6	0,2
Dos Bocas	22,7	4,8	1,6	0,3	0,2
Guayama	22,2	4,2	1,2	0,5	0,1
Gurabo	33,9	6,8	2,5	1,0	0,2
Isabela	24,2	4,2	1,1	0,4	0
Juncos	23,6	5,1	2,2	0,9	0,2
Magueyes	22,4	1,7	0,1	0	0
Manatí	23,9	4,0	1,8	0,4	0,1
Maunabo	21,6	5,3	2,7	1,3	0,5
Mayagüez	21,3	4,2	1,2	0,2	0
Ponce	22,4	2,4	0,5	0,1	0
Roosevelt Rds.	22,8	4,6	2,4	0,5	0,1
San Juan	20,3	5,3	2,6	0,7	0,2
Adjuntas *	21,5	4,2	2,2	0,5	0,2
Pico del Este *	8,3	4,6	4,2	4,2	1,8

Las probabilidades de secuencia lluviosa de 2 días de duración (**mapa 31**) oscilan entre el valor máximo del 34% en Gurabo y el valor mínimo del 8% en Pico del Este, ambas en la región este. El resto de las estaciones meteorológicas del área de estudio para esta corta duración muestra unas probabilidades de entre el 20 y el 25%: San Juan (20%); Adjuntas (21%); Mayagüez (21%); Magueyes (22%); Ponce (22%); Guayama (22%); Maunabo (22%); Corozal (23%); Dos Bocas (23%); Roosevelt Roads (23%); Cayey (23%); Juncos (24%); Manatí (24%); y Isabela (24%).

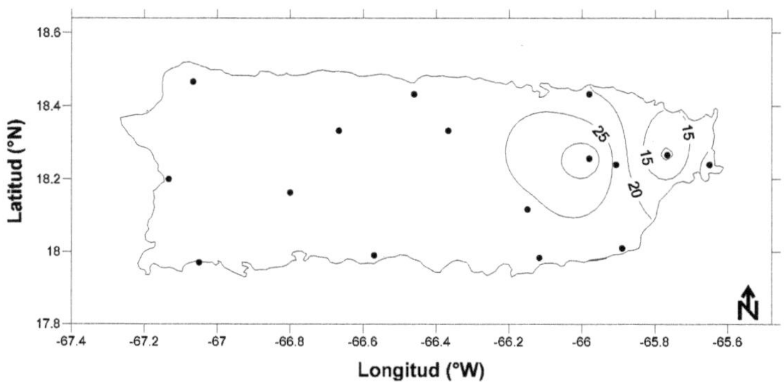

Mapa 31. Probabilidad empírica de secuencia lluviosa de 2 días en el periodo 1961-2000 (* 1971-2000).

Por otra parte, la probabilidad de ocurrencia de secuencias lluviosas de 5 días de duración (**mapa 32**) presentan una distribución en el territorio un poco diferente en relación a la probabilidad de secuencias de 2 días, especialmente, se observa una disminución de los valores de probabilidad de este a oeste, y además, el valor más bajo ya no se localiza en la Sierra de Luquillo, sino en la costa suroeste, Magueyes con un 1.7% de probabilidad. En esta duración, al igual que en la anterior, el valor máximo se encuentra en Gurabo, con un 6.8% de probabilidad de una secuencia lluviosa de 5 días. Las estaciones meteorológicas con los valores más elevados, al igual que Gurabo, se ubican en la parte interior de la mitad este del territorio, las cuales muestran valores porcentuales de entre el 5 y 6%: Corozal, San Juan, Juncos, Cayey y Maunabo. Por otro lado, gran parte del área de estudio muestra valores entre el 4% y el 5% de probabilidad de secuencias lluviosas de 5 días: en la región este, Pico del Este (4.6%), Roosevelt Roads (4.6%); en la región noroeste, Manatí (4%), Isabela (4.2%), Mayagüez (4.2%), Adjuntas (4.2%) y Dos Bocas (4.8%); y en una parte de la costa sur, Guayama (4.2%). Por último, los porcentajes mínimos de probabilidad presentan valores cercanos al 2%: en la costa sur, Ponce (2.4%) y Magueyes (1.7%).

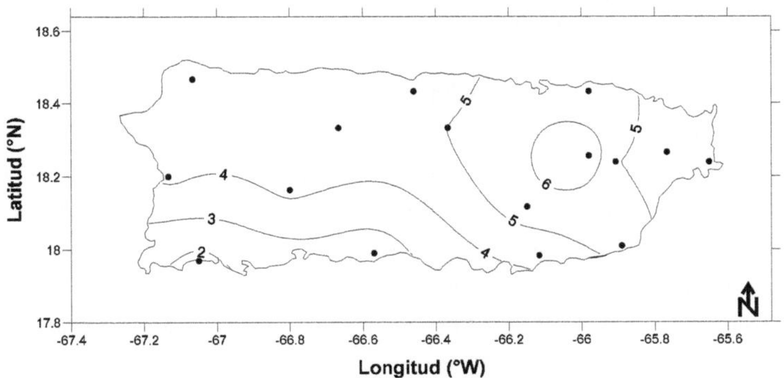

Mapa 32. Probabilidad empírica de secuencia lluviosa de 5 días en el periodo 1961-2000 (* 1971-2000).

En el **mapa 33**, la distribución de las probabilidades de secuencias lluviosas de 7 días de duración muestra una clara regionalización con una configuración longitudinal en la que los valores disminuyen a partir del valor máximo de Pico del Este (4.2%). Los valores próximos al valor máximo presentan porcentajes entre el 2% y el 3% de probabilidad y se localizan en la región este y en la Cordillera Central: Corozal (2.1%), Juncos (2.2%), Adjuntas (2.2%), Cayey (2.3%), Roosevelt Roads (2.4%), Gurabo (2.5%), Maunabo (2.6%) y San Juan (2.7%). En cambio, gran parte de la región noroeste y parte de la costa sur muestran porcentajes entre el 1% y el 2% de probabilidad de secuencia lluviosa de 7 días: Isabela (1.1%), Mayagüez, (1.2%), Guayama (1.2%), Dos Bocas (1.6%), y Manatí (1.8%). Por último, en la costa sur se aprecian los valores más bajos de probabilidad para este umbral: Ponce (0.5%) y Magueyes (0.1%).

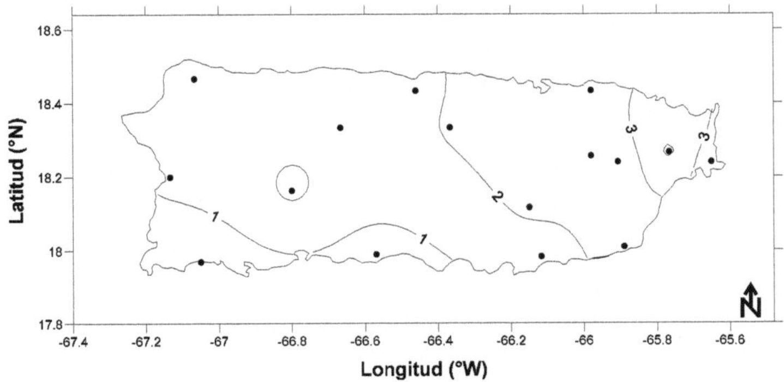

141

En el **mapa 34** se observa una clara disparidad entre el valor máximo de Pico del Este (4.2%) y el resto de las estaciones meteorológicas del área de estudio para la probabilidad de las secuencias lluviosas de 10 días de duración. Al igual que con la duración de 7 días, los porcentajes disminuyen a partir de Pico del Este valores de entre 0,5 y algo más del 1% de probabilidad, los cuales se localizan en la región este, Guayama (0.5%), Roosevelt Roads (0.5%), Corozal (0.6%), San Juan (0.7%), Juncos (0.9%), Gurabo (1.0%), Maunabo (1.3%), y la Cordillera Central, Adjuntas (0.5%) y Cayey (0.9%). Asimismo, se encuentran valores inferiores al 0,5% de probabilidad en la mitad oeste del territorio: Manatí (0.4%), Isabela (0.4%), Dos Bocas (0.3%), Mayagüez (0.2%), Ponce (0.1%) y Magueyes (0%).

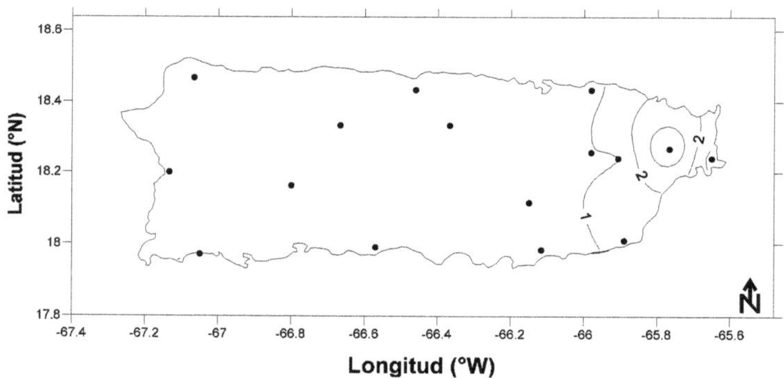

Mapa 34. Probabilidad empírica de secuencia lluviosa de 10 días en el periodo 1961-2000 (* 1971-2000).

Por último, el **mapa 35** muestra una homogenización de los porcentajes de probabilidad de las secuencias lluviosas de 15 días de duración en buena parte de las estaciones del conjunto del área de estudio, con valores porcentuales entre el 0% y el 1%, a excepción del valor máximo de Pico del Este (1.8%), los cuales disminuyen de este a oeste en el territorio: Maunabo (0.5%), Gurabo (0.2%), Juncos (0.2%), Cayey (0.2%), San Juan (0.2%), Corozal (0.2%), Roosevelt Roads (0.2%), Adjuntas (0.2%), Dos Bocas (0.2%), Guayama (0.1%), Manatí (0.1%), Isabela (0%), Mayagüez (0.%), Ponce (0%) y Magueyes (0%). Estas últimas cuatro estaciones se ubican en las costas noroeste, oeste y sur del territorio.

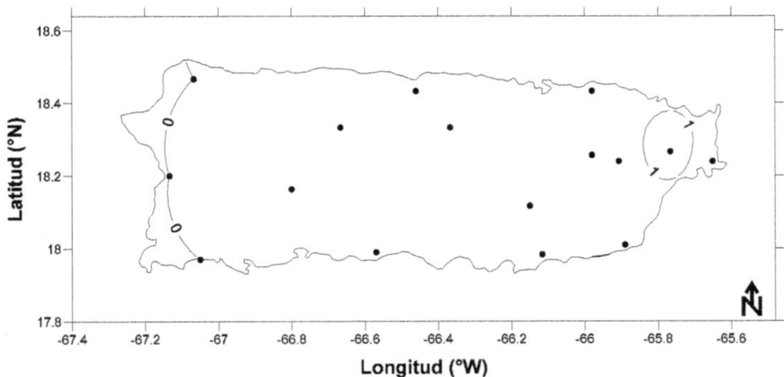

Mapa 35. Probabilidad empírica de secuencia lluviosa de 15 días en el periodo 1961-2000 (* 1971-2000).

En conjunto, la probabilidad empírica de las secuencias lluviosas de 2, 5, 7, 10 y 15 días analizadas muestra, de forma general, mayores valores en la mitad este del territorio, con una notable disminución de la probabilidad de secuencias lluviosas de este a oeste. Además, se observa que a medida que aumenta la duración de las secuencias lluviosas, especialmente a partir de la secuencia de 7 días, se aprecia un mayor distanciamiento relativo entre los porcentajes de probabilidad de Pico del Este y el resto del área de estudio.

8.4.5 Análisis de correlación entre las secuencias de precipitación diaria y la posición geográfica

En términos generales, se considera que el factor altitudinal es el que mayor incidencia tiene sobre las secuencias lluviosas en el área de estudio (**tabla 22**). La orografía está relacionada positivamente en casi todas las duraciones de las secuencias lluviosas, a excepción de la probabilidad de secuencia lluviosa de 2 días, la cual presenta una correlación negativa significativa y la probabilidad de secuencia lluviosa de 5 días, la cual no muestra ningún tipo de relación con los factores geográficos. Las correlaciones positivas entre la elevación del territorio y los resultados de las secuencias lluviosas fluctúan entre r de Pearson de 0.63 y 0.84, y unos valores de p inferiores a 0.05, es decir, estas correlaciones tienen un nivel de confianza mayor del 95%. Esto permita señalar, de acuerdo a la muestra analizada, que el número de secuencias lluviosas superiores a 5 días aumenta, relativamente, a mayor elevación del territorio. Por el contrario, la elevación muestra una correlación negativa en relación a la probabilidad de secuencia lluviosa de 2 días, con una r de Pearson de -0.67. En este sentido, las secuencias lluviosas de 2 días de duración son menores, relativamente, a mayor altitud y mayores a menor elevación.

Por otra parte, el otro factor geográfico que presenta correlaciones significativas con los resultados de las secuencias lluviosas es la longitud (**tabla 22**). El factor longitudinal muestra correlaciones negativas en relación al número total de secuencias lluviosas iguales o superiores a 7 y 10 días de duración, con valores de la r de Pearson de -0.77 y -0.61, respectivamente. También, la longitud está relacionada negativamente con las probabilidades de secuencias lluviosas de 5, 7 y 10 días, las cuales muestran valores de correlación que oscilan entre -0.53 y -0.71. Las correlaciones negativas entre la longitud y los resultados de las secuencias lluviosas permiten señalar que, a medida que aumenta la longitud en el territorio, disminuyen las secuencias lluviosas. Es decir, en estos resultados las secuencias lluviosas decrecen de este a oeste en el área de estudio.

Tabla 22. Análisis de correlaciones, con valores de la *r* de Pearson y del valor de *p*, entre las secuencias lluviosas y los factores geográficos, latitud (°N), longitud (°W) y altitud (m), del conjunto del área de estudio, en el periodo 1961-2000 (* 1971-2000) (Valores significativos con α=0.05 en negrita).

	Correlación	Latitud (°N)	Longitud (°W)	Altitud (m)
Sec media	*r*	0,13	-0,45	**0,84**
	p-value	*0,631*	*0,080*	***0,000***
Sec max	*r*	0,19	-0,46	**0,83**
	p-value	*0,480*	*0,073*	***0,000***
Sec ≥ 7	*r*	0,25	**-0,77**	**0,60**
	p-value	*0,350*	***0,000***	***0,014***
Sec ≥ 10	*r*	0,11	**-0,61**	**0,76**
	p-value	*0,685*	***0,012***	***0,000***
P Sec 2	*r*	0,03	0,13	**-0,67**
	p-value	*0,912*	*0,631*	***0,004***
P Sec 5	*r*	0,40	**-0,55**	0,11
	p-value	*0,124*	***0,027***	*0,685*
P Sec 7	*r*	0,30	**-0,72**	**0,63**
	p-value	*0,258*	***0,001***	***0,008***
P Sec 10	*r*	0,08	**-0,53**	**0,81**
	p-value	*0,768*	***0,034***	***0,000***
P Sec 15	*r*	0,04	-0,48	**0,81**
	p-value	*0,883*	*0,059*	***0,000***

8.5 Discusión

La distribución de las secuencias lluviosas del área de estudio permite hablar de dos comportamientos pluviométricos: uno, en la región este, con periodos lluviosos persistentes y frecuentes, y otro, en la región oeste, con periodos lluviosos breves y poco frecuentes.

Las secuencias lluviosas como unidad básica de análisis presentan un paisaje altamente contrastado en el área de estudio. La amplia variación espacial de las secuencias lluviosas responde a la interacción de los factores geográficos y climáticos, en la que la persistencia de la precipitación es mayor en la región este (Pico del Este-Gurabo-Maunabo) y menos persistente en la costa sur y suroeste (Ponce-Magueyes).

Asimismo, gran parte de los resultados de las secuencias lluviosas muestran en sus representaciones territoriales unas notables pautas longitudinales.

Los coeficientes de correlación obtenidos reflejan que el factor longitudinal y, en especial, el factor orográfico son las más relevantes respecto a la presencia de secuencias lluviosas en el conjunto del área de estudio. Además, el número de secuencias lluviosas depende en gran medida de estos factores geográficos, relación que se incrementa conforme aumenta la duración de la secuencia.

En definitiva, se puede decir que la persistencia es una propiedad importante de la precipitación en la región este y algo atenuada en la mitad oeste del territorio.

9. Capítulo: Calendarios de precipitación diaria

9.1 Introducción

El presente capitulo tiene como objetivo analizar los periodos lluviosos y secos que acontecen a lo largo del año en el conjunto del área de estudio. Para esto, se ha utilizado el tratamiento estadístico propuesto por Martín-Vide (1987) basado en el análisis y comparación de las frecuencias y las cantidades medias diarias, a lo largo del año, de series pluviométricas con registros diarios de 30 años o más. Los periodos lluviosos y secos se definen mediante el cálculo de medias móviles y de la clasificación de cada fecha del año por medio de los cuartiles de las frecuencias y de las cantidades de precipitación. En base a esto se construye el calendario pluviométrico, en formato numérico o gráfico, que expresa para cada día del año, entre otros datos, el valor medio de la cantidad precipitación, la frecuencia media o probabilidad de ocurrencia y los valores extremos (Soler & Martín-Vide, 2002). Además, cabe señalar, que las definiciones obtenidas de estos periodos de precipitación serán relativas a cada estación meteorológica del área de estudio. Finalmente, los calendarios pluviométricos permiten establecer la ocurrencia de fenómenos con características similares, los cuales pueden determinar la ocurrencia de singularidades e irregularidades en el curso anual medio de la precipitación del área de estudio.

9.2 Metodología

Para construir el calendario pluviométrico se ha calculado la frecuencia relativa de precipitación diaria de cada fecha del año (del 1 de enero, del 2 de enero, etc.), es decir, el número de veces en que se ha registrado precipitación apreciable (≥ 0.01 in), y la cantidad media de precipitación diaria (mm) registrada para cada fecha del conjunto del área de estudio, en el periodo 1961-2000.

De esta manera, tenemos 366 valores que corresponden a cada día del año, incluyendo el 29 de febrero. Para hallar el valor del 29 de febrero se ha calculado el promedio de lluvia a partir de los 10 días en que hubo 29 de febrero en los 40 años del periodo analizado (1961-2000). Para calcular la frecuencia de precipitación del 29 de febrero, se ha aplicado la regla de tres o de proporcionalidad. Después, se ha calculado las medias móviles centradas de quince en quince días de la frecuencia (M) y la cantidad de precipitación (M'). Estas medias móviles suavizan los valores de posibles irregularidades sin significación climática, eliminando anomalías esporádicas y de pequeña longitud que se ha de suponer que se deben al azar (Martín-Vide, 2002).

Una vez hecho esto se han clasificado las fechas de acuerdo con las medias móviles de las frecuencias y las cantidades medias diarias de precipitación de forma separada, las cuales se expresan en las **tablas 23** y **24**:

Tabla 23. Clasificación de las fechas según la frecuencia de precipitación diaria.

Fecha frecuentemente seca	Fecha normal (en frecuencia)	Fecha frecuentemente lluviosa
$M \leq 1C$	$1C \leq M \leq 3C$	$3C < M$

Tabla 24. Clasificación de las fechas según la cantidad de precipitación diaria.

Fecha de lluvia escasa	Fecha normal (en cantidad)	Fecha de lluvia abundante
$M' \leq 1C'$	$1C' \leq M' \leq 3C'$	$3C' < M'$

Donde M y M' son las medias móviles, centradas de 5 en 5 días, de las frecuencias y de las cantidades medias de cada fecha, respectivamente, y 1C, 3C, 1C' y 3C', son los primeros y terceros cuartiles de ambas distribuciones muestrales. Los cuartiles se utilizan para hallar ciertos valores determinados de probabilidad. Es decir, el *primer cuartil* es aquel valor que iguala o supera a la cuarta parte de los valores inferiores de una serie y es menor que las tres cuartas partes restantes, mientras que el *tercer cuartil* iguala o supera al 75% de los valores, siendo inferior al cuarto restante. En este sentido, los valores de estos cuartiles se utilizan para establecer los umbrales que definen un día normal, en el que este ocurre cuando su media móvil queda entre el primer y el tercer cuartil (Martín-Vide, 2002). Por tanto, se consideran días normales de frecuencia y cantidad de precipitación aquellos con valores iguales o superiores al 25% y aquellos iguales o inferiores al 75%, o, lo que es lo mismo, los días normales representan el 50% central de los valores. Por consiguiente, los periodos frecuentemente secos o de lluvia escasa son aquellos con valores menores al 25% o por debajo de lo normal, y los periodos frecuentemente lluviosos o de lluvia abundante, aquellos con valores mayores al 75% o por encima de lo normal.

Asimismo, se considera periodo frecuentemente seco o periodo frecuentemente lluvioso, y de lluvia escasa o de lluvia abundante, una secuencia de días de lluvia constituida por un grupo de tres o más fechas consecutivas con el mismo carácter.

Finalmente, se han definido *periodo seco* y *periodo lluvioso* de la siguiente manera:

- **Periodo seco:** periodo frecuentemente seco y, a la vez, de lluvia escasa.

- **Periodo lluvioso:** periodo frecuentemente lluvioso y, a la vez, de lluvia   abundante.

La última condición es que estos periodos han de estar constituidos por al menos tres fechas sucesivas. Este criterio, y los que definen las fechas frecuentemente lluviosas y frecuentemente secas y las de lluvia abundante y de lluvia escasa, están dirigidos a eliminar las irregularidades menos significativas, por motivo del azar, y a reducir, a la vez, imprecisiones astronómicas que pueden ocurrir en cada fecha del año.

Por último, en este capítulo, se han analizado las posibles singularidades pluviométricas que afectan al conjunto del área de estudio mediante el análisis de los periodos lluviosos y secos. Se entiende como singularidad la repetición de los periodos lluviosos y secos en unas mismas fechas en un porcentaje significativo de años.

9.3 Hipótesis

La hipótesis que se propone comprobar con el método descrito en el apartado anterior puede parecer menor, si se tiene en cuenta que los periodos lluviosos y secos que se obtengan son relativos a cada uno de las estaciones meteorológicas. No obstante, tal como hemos visto en los capítulos 4 y 5, sabemos que las épocas del año con menor cantidad de precipitación y de menos días de precipitación, invierno y primavera, son más acusadas a menor elevación y en menor medida, a mayor longitud del área de estudio. En este sentido, resulta interesante cuestionarse si los periodos secos presentan, en conjunto, una duración diferente entre las regiones orientales y occidentales del área de estudio. En concreto, se plantea la hipótesis siguiente:

Los periodos secos presentan una mayor duración total a medida que disminuye la altitud del área de estudio.

9.4 Resultados

9.4.1 Calendarios pluviométricos

En este apartado se obtienen los calendarios pluviométricos en base al análisis de las medias móviles de las frecuencias y de las cantidades de precipitación diaria. Las **figuras 5 a la 20**, del apéndice, contienen los gráficos de los calendarios pluviométricos del conjunto del área de estudio. Para esto, se han contabilizado el número de veces en que una fecha ha registrado precipitación, dividiéndose luego por el número de años del periodo (frecuencia relativa). Los gráficos A (frecuencias relativa) y B (cantidad media) de las **figuras 5 a la 20** muestran el ritmo, a lo largo del año, de estos resultados. Para el gráfico A, se ha hallado la media móvil centrada de cinco en cinco días de la frecuencia, con la que se ha obtenido el calendario gráfico de frecuencia de la precipitación. Para el gráfico B, se ha calculado la cantidad media de cada fecha, para cada estación meteorológica, y se ha hallado la media móvil centrada de cinco en cinco días. Los gráficos C y D son un complemento del gráfico B, y expresan el ritmo de la cantidad media de precipitación de cinco en cinco días y de diez en diez días, respectivamente. De esta manera, los gráficos B, C y D constituyen los calendarios gráficos de la cantidad de precipitación.

9.4.2 Periodos frecuentemente secos y frecuentemente lluviosos y periodos de lluvia escasa y de lluvia abundante

9.4.2.1 Periodos frecuentemente secos y frecuentemente lluviosos

En la **tabla 25** se presentan los valores del primer y tercer cuartil de la frecuencia de precipitación por fecha, que aparecen representados en los **mapas 36** y **37**.

Tabla 25. Valores del primer y tercer cuartil de la frecuencia de la precipitación (%) por fecha en el periodo 1961-2000 (* 1971-2000).

Estaciones	Frecuencia *P* por fecha (%)	
	1C	3C
Cayey	48	56
Corozal	43	54
Dos Bocas	37	49
Guayama	32	46
Gurabo	52	63
Isabela	38	49
Juncos	41	53
Magueyes	17	28
Manatí	37	47
Maunabo	41	54
Mayagüez	25	43
Ponce	21	32
Roosevelt Rds.	49	62
San Juan	48	61
Adjuntas *	40	55
Pico del Este *	84	90

Con los valores del primer y tercer cuartil, tal como hemos descrito en el apartado 2, se han calculado los periodos frecuentemente lluviosos y frecuentemente secos, los cuales están representados en las gráficos A de las **figuras 5 a la 20** del apéndice.

En los **mapas 36 y 37** se aprecia que los valores máximos y mínimos de la frecuencia de la precipitación en ambos cuartiles se encuentran en la Sierra de Luquillo, Pico del Este (1C, 84 y 3C, 90) y en la costa suroeste, Magueyes (1C, 17 y 3C, 28), respectivamente. En este sentido, el valor en Pico del Este indica que una fecha es allí frecuentemente lluviosa cuando al menos en 9 de cada 10 años recibe precipitación, umbral altísimo. En cambio, en Magueyes una fecha obtiene el mismo calificativo cuando al menos 3 de cada 10 reciben precipitación, aproximadamente. Asimismo, para que una fecha en Pico del Este se considere frecuentemente seca le basta con recibir precipitación en menos de 8 años por cada 10, y para que una fecha en Magueyes sea frecuentemente seca, debe recibir lluvia en menos de 2 años por cada 10. Así, los criterios de definición de los periodos frecuentemente lluviosos y frecuentemente secos son relativos a cada estación meteorológica.

Por un lado, el **mapa 36**, relativo al porcentaje del primer cuartil, presenta valores elevados en buena parte de la mitad este del área de estudio y en la Cordillera Central, las cuales muestran porcentajes entre las isolíneas del 40 y 50 %: Ajuntas (1C, 40); Maunabo (1C, 41); Juncos (1C, 40); Corozal (1C, 43); Cayey (1C, 48); San Juan (1C, 48); y Roosvelt Roads (1C, 49). Además, en esta área se encuentra el segundo porcentaje más elevado de la frecuencia de precipitación para este cuartil, con un porcentaje levemente superior al 50%, Gurabo (1C, 52). En este mapa se observan valores porcentuales intermedios entre las isolíneas del 30 y 40 %: en un sector de la costa sur, Guayama (1C, 32); y en la región noroeste, Manatí (1C, 37), Dos Bocas (1C, 37) e Isabela (1C, 38). Por último, los porcentajes mínimos del primer cuartil muestran valores por debajo del 30% en la costa oeste, Mayagüez (1C, 25) y en la costa sur, Ponce (1C, 21), e, incluso, inferiores al 20% en la costa suroeste, Magueyes (1C, 17).

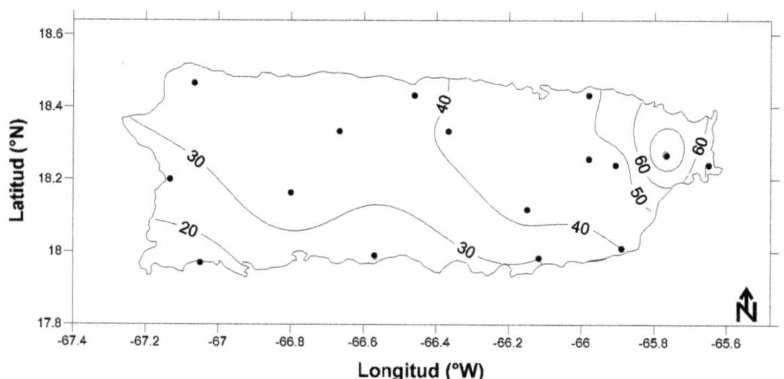

Mapa 36. Valores del primer cuartil de la frecuencia de la precipitación por fecha del primer cuartil (%), en el periodo 1961-2000 (* 1971-2000).

Por otro lado, **el mapa 37**, relativo al tercer cuartil, muestra una distribución de los valores porcentuales de la frecuencia de la precipitación por fecha bastante similar a la anterior, aunque con ciertas diferencias, especialmente en la región noroeste. En este cuartil los valores extremos se localizan en Pico del Este y Magueyes, con un valor máximo igual al 90% y un valor mínimo inferior al 30%, respectivamente. En este umbral, los porcentajes elevados, superiores al 60% se dan en varias estaciones de la región este: San Juan (3C, 0.61); Roosevelt Roads (3C, 0.62); y Gurabo (3C, 0.63).

A estos valores elevados le siguen porcentajes para este umbral cercanos y superiores al 50% en la región norte, Dos Bocas (3C, 0.49), Isabela (3C, 0.49) y Corozal (3C, 0.54), Juncos (3C, 0.53), la costa suroeste, Maunabo (3C, 0.54), y en la Cordillera Central, Cayey (3C, 0.56) y Ajuntas (3C, 0.55). En este cuartil, a diferencia del primero, las estaciones meteorológicas de la región norte y noroeste presentan valores porcentuales similares a los de la región este.

Por otra parte, la costa oeste, un sector de la costa norte y un sector de la costa sur presentan valores porcentuales similares, entre las isolineas del 40 y 50%: Mayagüez (3C, 0.43), Guayama (3C, 0.46) y Manatí (3C, 0.47). Por último, los valores más bajos del tercer cuartil muestran porcentajes por debajo del 40% e incluso del 30%, en Ponce (3C, 0.32) y Magueyes (3C, 0.28), respectivamente.

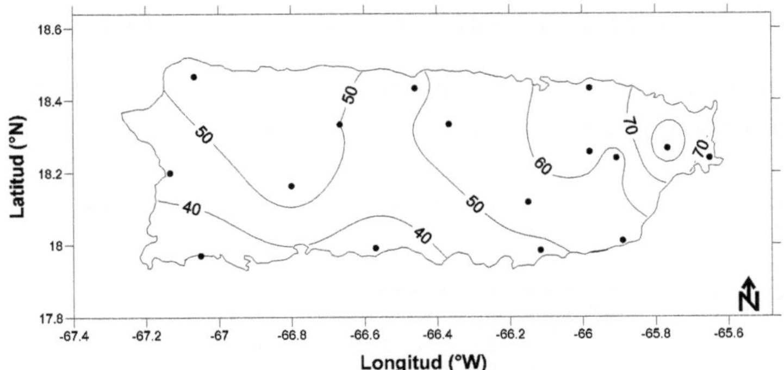

Mapa 37. Valores del tercer cuartil de la frecuencia de la precipitación por fecha del tercer cuartil (%), en el periodo 1961-2000 (* 1971-2000).

9.4.2.2 Periodos de lluvia escasa y periodos de lluvia abundante

En la **tabla 26** se presentan los valores del primer y tercer cuartil de las cantidades medias de precipitación por fecha, que aparecen representados en los **mapas 38** y **39**.

Tabla 26. Valores del primer y tercer cuartil de las cantidades medias de precipitación (mm) por fecha, en el periodo 1961-2000 (* 1971-2000).

Estaciones	Media *Precipit.* por fecha (mm)	
	1C′	3C′
Cayey	2,9	5,6
Corozal	3,4	6,5
Dos Bocas	3,0	6,8
Guayama	1,6	4,7
Gurabo	2,9	5,6
Isabela	2,5	4,6
Juncos	2,6	5,8
Magueyes	0,9	2,7
Manatí	2,9	4,8
Maunabo	2,5	5,6
Mayagüez	2,1	6,3
Ponce	1,0	3,5
Roosevelt Rds.	2,5	4,8
San Juan	2,5	4,6
Adjuntas *	2,7	6,5
Pico del Este *	9,7	13,8

Los valores del primer y tercer cuartil se han utilizado para el cálculo de los periodos de lluvia abundante y de lluvia escasa, que están representados en los gráficos B, C, y D de las **figuras 5 a la 20** del apéndice.

Los valores del primer y tercer cuartil de las cantidades medias de precipitación por fecha (**mapas 38** y **39**), al igual que los valores de las frecuencias, muestran una gran diferencia entre los valores extremos de Pico del Este (1C′, 9.7mm y 3C′, 13.8mm) y Magueyes

(1C′, 0.9mm y 3C′, 2.7mm). Es decir, por un lado, en Pico del Este, un periodo se considera de lluvia abundante cuando las cantidades medias de precipitación por fecha son mayores de 13.8 mm, valor realmente muy elevado, y, en cambio, en Magueyes, cuando las precipitaciones medias por fecha son superiores a 2.7 mm. Por otro lado, en Pico del Este, un periodo de lluvia escasa ocurre cuando las cantidades medias de precipitación por fecha quedan por debajo de 9 mm, y en Magueyes, acontece éste cuando las cantidades de precipitación son inferiores a solo 0.9 mm.

El **mapa 38**, los valores del primer cuartil de las cantidades medias de precipitación por fecha muestran una distribución muy similar a los del primer cuartil de las frecuencias de precipitación, con tres áreas principales, una con un valor máximo en la Sierra de Luquillo, un área extensa que cubre gran parte del territorio con valores intermerdios y un área de valores mínimos en la costa sur y suroeste. En este umbral, aparte de Pico del Este, no se observan valores muy elevados que se distingan del resto, no obstante, aparecen valores levemente superiores al resto del territorio en el interior de la región norte, cercanos o superiores a 3 mm: Manatí (1C′, 2.9mm), Dos Bocas (1C′, 3mm) y Corozal (1C′, 3.4mm).

Además, gran parte del territorio muestra valores intermedios en el primer cuartil, entre las isoyetas de 2 y 3 mm, los cuales se extienden por el este, norte, centro y oeste del área de estudio: Mayagüez (1C′, 2.1mm), San Juan (1C′, 2.5mm), Isabela (1C′, 2.5mm), Maunabo (1C′, 2.5mm), Adjuntas (1C′, 2.5mm), Juncos (1C′, 2.6mm), Gurabo (1C′, 2.9mm) y Cayey (1C′, 2.9mm). Finalmente, los valores mínimos del primer cuartil se encuentran a lo largo de la costa sur y presentan cantidades de precipitación por debajo de los 2 y 1 mm: Guayama (1C′, 1.6mm), Ponce (1C′, 0.9mm), y Magueyes (1C′, 0.7mm).

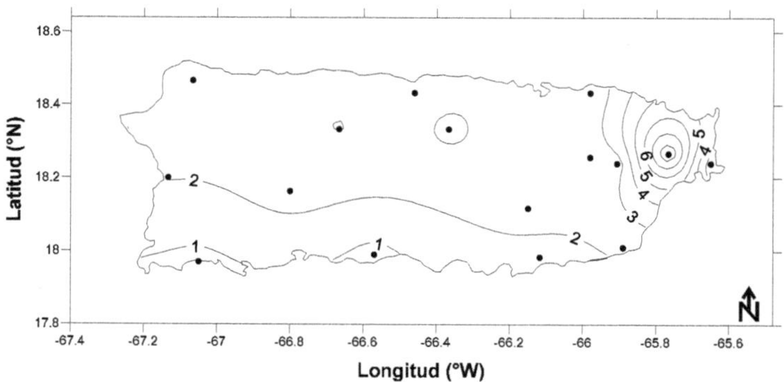

Mapa 38. Cantidades de precipitación medias por fecha (mm) del primer cuartil, en el periodo 1961-2000
(* 1971-2000).

Por otra parte, el **mapa 39**, referente a los valores del tercer cuartil de las cantidades
medias de precipitación por fecha, muestra diferencias considerables respecto al primer
cuartil, al igual que ocurría con los resultados de los cuartiles de la frecuencias, en el que
algunas estaciones meteorológicas de la región norte y oeste muestran los segundos
valores más elevados del área de estudio, a excepción del máximo de Pico del Este,
superior a 13 mm. Estas estaciones presentan cantidades de precipitación por encima de
la isoyeta de 6 mm: Mayagüez (3C′, 6.3mm), Corozal (3C′, 6.5mm), Ajuntas (3C′,
6.5mm) y Dos Bocas (3C′, 6.8mm).

Siguiendo a estas cantidades, en el **mapa 39,** se observan valores entre las isoyetas de 5
y 6 mm en la región este: Gurabo (3C′, 5.6mm), Cayey (3C′, 5.6mm), Maunabo (3C′,
5.6mm) y Juncos (3C′, 5.8mm). Además, en este umbral las estaciones a lo largo de la
costa norte, un sector de la costa sur y otro de la costa este, muestran cantidades de
precipitación semejantes, entre las isoyetas de 4 y 5 mm: Isabela (3C′, 4.6mm), San Juan
(3C′, 4.6mm), Guayama (3C′, 4.7mm), Manatí (3C′, 4.8mm) y Roosevelt Roads (3C′,
4.8mm). Por último, los valores mínimos del tercer cuartil se localizan en la costa sur,
con cantidades inferiores a 4 y 3 mm en Ponce (3C′, 3.5mm) y Magueyes (3C′, 2.7mm),
respectivamente.

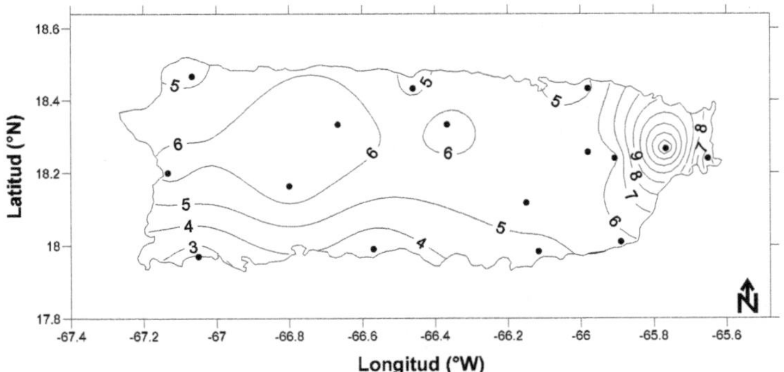

Mapa 39. Cantidades de precipitación medias por fecha (mm) del tercer cuartil, en el periodo 1961-2000 (* 1971-2000).

Finalmente, en los **mapas 36, 37, 38** y **39** se pueden apreciar las notables diferencias que hay entre los valores de los cuartiles de las diversas estaciones meteorológicas del área de estudio. En este sentido, en estos mapas, a excepción del **mapa 39**, se observa una considerable disminución de los valores de los cuartiles de este a oeste y, especialmente, de noreste a suroeste. Además, se ha de señalar que varios sectores de la región oeste (Mayagüez y Adjuntas) presentan la distancia intercuartílica más elevada del territorio. Es decir, en estas estaciones las fechas normales, tanto en frecuencia como en cantidad de precipitación, tienen una amplitud mayor que el resto de las estaciones del área de estudio.

9.4.3 Análisis de correlación entre el primer y el tercer cuartil de la frecuencia y de las cantidades medias de precipitación por fecha, y la posición geográfica

En términos generales, se considera que la orografía es el factor geográfico que tiene una mayor incidencia sobre la frecuencia y las cantidades medias de precipitación por fecha en el área de estudio (**Tabla 27**). La altitud del territorio está relacionada positivamente con la precipitación diaria, tanto en el primer como en el tercer cuartil de la frecuencia y de la cantidad media, con unas correlaciones significativas de la r de Pearson que oscilan entre el valor de 0.68 del tercer cuartil de la frecuencia y los valores de 0.85 del primer y tercer cuartil de la cantidad media de precipitación, y unos valores de p inferiores a 0.03, es decir, estas correlaciones tienen un nivel de confianza mayor del 98%. Esto permite señalar, de acuerdo a la muestra analizada, que la precipitación por fechas a lo largo del año, tanto en la frecuencia como en las cantidades, es más elevada cuanto mayor es la altitud del territorio y menos elevada cuanto menor es la altitud (**mapas 36** al **39**).

Por otra parte, el otro factor geográfico que muestra una relación directa sobre la frecuencia y las cantidades medias de precipitación por fecha en el área de estudio es la longitud, aunque sólo presenta correlaciones significativas con la frecuencia de la precipitación. La longitud geográfica en relación a la frecuencia de la precipitación del primer y tercer cuartil muestra unas correlaciones negativas entre el valor de -0.64, en el primer cuartil, y de -0.65, en el tercer cuartil, con unos valores de p inferiores a 0.007 y 0.006, respectivamente. En este sentido, se puede señalar que la frecuencia de la precipitación es mayor cuanto menor es la longitud y menor cuanto mayor es la longitud (**mapas 36** y **37**).

Tabla 27: Análisis de correlaciones con valores de la r de Pearson y del valor de p entre el primer y el tercer cuartil de la frecuencias y de las cantidades medias de precipitación por fechas y los factores geográficos, latitud (ºN), longitud (ºW) y altitud (m), del conjunto del área de estudio, en el periodo 1961-2000 (* 1971-2000) (Valores significativos con α=0.05 en negrita).

	Correlación	Latitud (ºN)	Longitud (ºW)	Altitud (m)
Frecu P 1C	*r*	0.37	**-0.65**	**0.73**
	p-value	*0.158*	***0.006***	***0.000***
Frecu P 3C	*r*	0.39	**-0.64**	**0.68**
	p-value	*0.135*	***0.007***	***0.003***
Media P 1C´	*r*	0.31	-0.38	**0.85**
	p-value	*0.242*	*0.146*	***0.000***
Media P 3C´	*r*	0.24	-0.32	**0.85**
	p-value	*0.370*	*0.226*	***0.000***

9.4.4 Periodos secos y lluviosos

En la **tabla 28** se presenta el número de periodos lluviosos, fechas y días de duración de los periodos lluviosos **(Figura 4)**, y duración total "S total" de los periodos secos. Este último, aparece reflejado gráficamente en el **mapa 40**.

Tabla 28: Número, fechas, número de días y número total de días "S total" de los periodos secos en el periodo 1961-2000 (* 1971-2000).

Estaciones	Periodos secos				
	#	Fechas		Días	S total
Cayey	1	15-feb	25-feb	11	41
	2	9-mar	25-mar	17	
	3	1-abr	10-abr	10	
	4	21-jun	23-jun	3	
Corozal	1	14-ene	16-ene	3	51
	2	6-feb	10-feb	5	
	3	25-feb	4-mar	9	
	4	6-mar	8-mar	3	
	5	15-mar	21-mar	7	
	6	3-jun	26-jun	24	
Dos Bocas	1	15-ene	18-ene	4	38
	2	31-ene	10-feb	11	
	3	13-feb	22-feb	10	
	4	27-feb	7-mar	10	
	5	11-mar	13-mar	3	
Guayama	1	12-dic	24-dic	13	61
	2	17-ene	21-ene	5	
	3	24-feb	29-feb	6	
	4	11-mar	29-mar	19	
	5	1-abr	15-abr	15	
	6	21-abr	23-abr	3	
Gurabo	1	25-feb	24-mar	29	42
	2	2-abr	11-abr	10	
	3	13-abr	15-abr	3	
Isabela	1	14-ene	18-ene	5	70
	2	4-feb	24-mar	50	
	3	27-mar	7-abr	12	
	4	23-abr	25-abr	3	

Juncos	1	18-ene	21-ene	4	57
	2	4-feb	11-feb	8	
	3	19-feb	25-feb	7	
	4	27-feb	29-feb	3	
	5	2-mar	4-mar	3	
	6	6-mar	25-mar	20	
	7	31-mar	8-abr	9	
	8	25-abr	27-abr	3	
Magueyes	1	13-dic	17-dic	5	51
	2	20-dic	26-dic	7	
	3	17-ene	22-ene	6	
	4	29-ene	31-ene	3	
	5	5-feb	7-feb	3	
	6	25-feb	7-mar	12	
	7	19-mar	22-mar	4	
	8	10-abr	12-abr	3	
	9	23-jun	30-jun	8	
Manatí	1	4-feb	10-feb	7	60
	2	25-feb	21-mar	26	
	3	3-abr	7-abr	5	
	4	30-may	1-jun	3	
	5	5-jun	10-jun	6	
	6	12-jun	24-jun	13	
Maunabo	1	5-feb	9-feb	5	69
	2	14-feb	5-mar	21	
	3	8-mar	25-mar	18	
	4	30-mar	8-abr	10	
	5	16-abr	18-abr	3	
	6	20-abr	1-may	12	
Mayagüez	1	4-dic	9-feb	68	85
	2	13-feb	15-feb	3	
	3	25-feb	3-mar	8	
	4	16-mar	21-mar	6	
Ponce	1	14-ene	30-ene	17	33
	2	5-feb	7-feb	3	
	3	25-feb	8-mar	13	
Roosvelt Roads	1	18-ene	20-ene	3	57
	2	5-feb	9-feb	5	
	3	18-feb	29-feb	12	

	4	5-mar	24-mar	20	
	5	26-mar	31-mar	6	
	6	3-abr	13-abr	11	
San Juan	1	4-feb	14-feb	11	62
	2	19-feb	2-mar	13	
	3	7-mar	7-abr	32	
	4	23-abr	25-abr	3	
	5	19-jun	21-jun	3	
Adjuntas *	1	3-dic	7-dic	5	39
	2	8-ene	11-ene	4	
	3	13-ene	18-ene	6	
	4	28-ene	31-ene	4	
	5	4-feb	8-feb	5	
	6	25-feb	4-mar	9	
	7	21-mar	23-mar	3	
	8	26-jun	28-jun	3	
Pico del Este *	1	23-feb	3-mar	10	34
	2	13-mar	25-mar	13	
	3	27-mar	6-abr	11	

En el **mapa 40**, el número total de días de periodos secos oscila entre el valor máximo de 85 días en la costa oeste, Mayagüez, y el valor mínimo de 33 días en la costa sur, Ponce.

Al igual que el valor máximo, el siguiente valor en número de días se ubica en la región oeste, Isabela (70). A parte de en esta región, en el mapa se observan otros valores elevados del número total de días de periodos secos, iguales y superiores a 60 días, en los litorales del norte y suroeste del territorio: Manatí (60), Guayama (61), San Juan (62) y Maunabo (69).

Además, en el mapa se observan totales de días de periodos secos con valores intermedios, entre 40 y 60 días de duración, en las regiones norte y este y en la costa suroeste: Juncos (41), Gurabo (42), Magueyes (51), Corozal (51), Juncos (57) y Roosevelt Roads (57).

Por último, las cantidades mínimas de días de periodos secos presentan valores cercanos o inferiores a 40 días. Éstas se ubican en la Sierra de Luquillo, Pico del Este (34), en el este de la Cordillera Central, Cayey (41) y en la parte central del área de estudio, entre el interior de la región norte, Dos Bocas (38), la parte oeste de la Cordillera Central, Adjuntas (39), y la costa sur, Ponce.

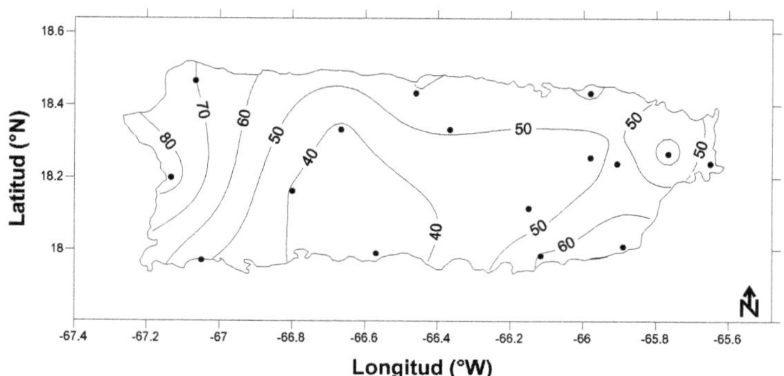

Mapa 40. Duración total de días de los periodos secos "S" en el periodo 1961-2000 (* 1971-2000).

De estos resultados, destaca la escasa cantidad de días secos en los principales sistemas montañosos, y la elevada cantidad de éstos en las áreas litorales, especialmente en la costa oeste.

En la **figura 4** se representa la distribución del número de periodos secos en el conjunto del área de estudio a lo largo del año.

El número de periodos secos presente en cada estación meteorológica oscila entre un mínimo de 3, en Gurabo y Pico del Este, región este, y un máximo de 9, en Magueyes, costa suroeste.

La duración de los periodos secos varía entre un periodo mínimo de 3 días y un periodo máximo de 68 días en Mayagüez (4 diciembre – 9 febrero) (ver **tabla 28**).

Después de Mayagüez, el siguiente periodo en duración, de 50 días, se ubica en la región oeste, Isabela (4 febrero – 24 marzo). Los siguientes periodos secos relativamente prolongados se dan en varios lugares de la mitad este del territorio, 20 días en Roosevelt Roads (5 marzo – 24 marzo), 20 días en Juncos (6 marzo – 25 marzo), 21 días en Maunabo (14 febrero – 5 marzo), 24 días en Corozal (3 junio – 26 junio), 26 días en Manatí (25 febrero – 21 marzo), 29 días en Gurabo (25 febrero – 24 marzo) y 32 días en San Juan (7 marzo – 7 abril) .

Cabe señalar la notable diferencia que se observa entre las duraciones totales de periodos secos de Isabela y Mayagüez, en la región oeste, y el resto del territorio. Estas estaciones presentan una mayor continuidad de días secos. Así, por ejemplo, mientras que en Pico del Este, región este, aparecen tres periodos secos de duraciones parecidas, que globalmente suponen poco más de un mes, en Mayagüez, se produce un largo periodo, de los cuatro que se aprecian, de más de dos meses de duración, que, sumado a sus otros tres periodos cortos, hacen un total de casi tres meses de sequía.

Los periodos secos se desarrollan en las épocas de invierno y primavera y, en menor medida, en verano. Específicamente, se dan periodos secos entre los meses de diciembre y abril, y en el mes de junio. La mayor concentración de periodos secos ocurre en los meses de febrero y marzo, durante los cuales todas las estaciones meteorológicas presentan uno o varios periodos secos. También, se aprecian periodos secos en junio en varios lugares de la Cordillera Central y de la región norte.

Los primeros periodos secos del área de estudio comienzan en la segunda quincena de diciembre en Guayama, costa sur, y en Magueyes, Adjuntas y Mayagüez, mitad oeste del territorio. Los siguientes lugares en iniciar periodos secos lo hacen en la segunda quincena de enero: Corozal, Dos Bocas e Isabela, región norte, Juncos y Roosevelt Roads, región este, Ponce, región sur. Los últimos lugares del territorio en iniciar periodos secos se ubican en la mitad este, Cayey, Gurabo, Manatí, Maunabo, San Juan y Pico del Este, y lo hacen en febrero.

Así pues, según se desprende de la **figura 4**, los periodos secos se desplazan de oeste a este a medida que transcurre el tiempo.

Los periodos secos de gran parte del territorio finalizan en primavera, en su mayoría durante el mes de abril. Marzo: Corozal, Dos Bocas, Mayagüez, Ponce y Adjuntas; abril:

Cayey, Guayama, Gurabo, Isabela, Juncos, Magueyes, Manatí, Roosevelt Roads y Pico del Este; mayo: Maunabo. También finalizan periodos secos en junio en Cayey y Adjuntas, Cordillera Central, en Manatí y Corozal, región norte, y en Magueyes, costa suroeste.

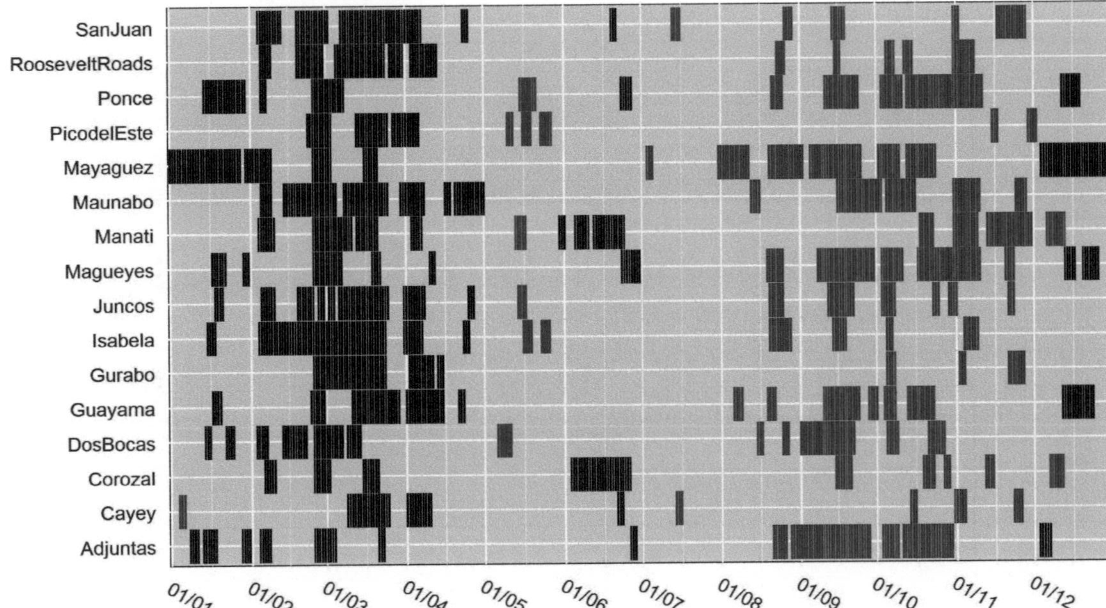

Figura 4. Periodos secos (en color negro) y periodos lluviosos (en color azul) del conjunto del área de estudio en el periodo 1961-2000 (Adjuntas y Pico del Este, 1971-2000).

169

En la **tabla 29** se presenta el número de periodos lluviosos, fechas y días de duración de los periodos lluviosos (**Figura 4**), y duración total "Ll total" de los periodos lluviosos. Este último, aparece reflejado gráficamente en el **mapa 41**.

Tabla 29. Número, fechas, número de días y número total de días "Ll total" de los periodos lluviosos en el periodo 1961-2000 (* 1971-2000).

Estaciones	Periodos lluviosos				
	#	Fechas		Días	Ll total
Cayey	1	4-ene	6-ene	3	18
	2	14-jul	16-jul	3	
	3	14-oct	16-oct	3	
	4	31-oct	4-nov	5	
	5	23-nov	26-nov	4	
Corozal	1	15-sep	21-sep	7	28
	2	18-oct	23-oct	6	
	3	27-oct	30-oct	4	
	4	12-nov	15-nov	4	
	5	6-dic	12-dic	7	
Dos Bocas	1	2-may	4-may	3	40
	2	6-may	10-may	5	
	3	25-ago	22-sep	29	
	4	22-oct	24-oct	3	
Guayama	1	21-may	23-may	3	47
	2	6-ago	9-ago	4	
	3	19-ago	22-ago	4	
	4	10-sep	24-sep	15	
	5	28-sep	2-oct	5	
	6	4-oct	8-oct	5	
	7	13-oct	23-oct	11	
Gurabo	1	11-sep	13-sep	3	24
	2	5-oct	9-oct	5	
	3	2-nov	4-nov	3	
	4	8-nov	10-nov	3	
	5	21-nov	27-nov	7	
	6	6-dic	8-dic	3	
Isabela	1	16-may	19-may	4	32
	2	23-may	26-may	4	
	3	20-ago	28-ago	9	
	4	14-sep	19-sep	6	
	5	5-oct	7-oct	3	

	6	4-nov	9-nov	6	
Juncos	1	14-may	17-may	4	42
	2	13-ago	15-ago	3	
	3	20-ago	27-ago	8	
	4	12-sep	22-sep	11	
	5	3-oct	8-oct	6	
	6	23-oct	25-oct	3	
	7	29-oct	1-nov	4	
	8	21-nov	23-nov	3	
Magueyes	1	19-ago	25-ago	7	69
	2	8-sep	30-sep	23	
	3	3-oct	11-oct	9	
	4	17-oct	10-nov	25	
	5	19-nov	23-nov	5	
Manatí	1	13-may	17-may	5	47
	2	18-oct	23-oct	6	
	3	31-oct	9-nov	10	
	4	13-nov	30-nov	18	
	5	6-dic	13-dic	8	
Maunabo	1	13-ago	16-ago	4	50
	2	16-sep	3-oct	18	
	3	5-oct	16-oct	12	
	4	31-oct	10-nov	11	
	5	24-nov	28-nov	5	
Mayagüez	1	3-jul	5-jul	3	75
	2	30-jul	12-ago	14	
	3	20-ago	3-sep	15	
	4	5-sep	25-sep	21	
	5	2-oct	10-oct	9	
	6	13-oct	25-oct	13	
Ponce	1	15-may	21-may	7	67
	2	21-ago	27-ago	7	
	3	11-sep	24-sep	14	
	4	3-oct	11-oct	9	
	5	13-oct	11-nov	30	
Roosevelt Roads	1	23-ago	27-ago	5	28
	2	15-sep	17-sep	3	
	3	5-oct	8-oct	4	
	4	12-oct	15-oct	4	

	5	31-oct	8-nov	9	
	6	19-nov	21-nov	3	
San Juan	1	13-jul	16-jul	4	32
	2	26-ago	29-ago	4	
	3	14-sep	19-sep	6	
	4	31-oct	2-nov	3	
	5	13-nov	15-nov	3	
	6	17-nov	28-nov	12	
Adjuntas *	1	6-may	11-may	6	72
	2	20-ago	26-ago	7	
	3	28-ago	28-sep	32	
	4	3-oct	9-oct	7	
	5	11-oct	30-oct	20	
Pico del Este *	1	10-may	12-may	3	19
	2	16-may	19-may	4	
	3	23-may	27-may	5	
	4	15-nov	17-nov	3	
	5	29-nov	2-dic	4	

En el **mapa 41**, el número total de días de periodos lluviosos fluctúa entre el valor mínimo de 18 de Cayey y el valor máximo de 75 de Mayagüez.

Los totales más elevados de días de periodos lluviosos presentan valores cercanos o superiores a 70 días y se ubican en la región suroeste del territorio, Ponce (67), Magueyes (69), Adjuntas (72) y Mayagüez (75). Esta última estación, al igual que en los periodos secos, presenta el número total de días de periodos lluviosos máximo del área de estudio (**tabla 29**).

A estas estaciones, le siguen en número total de días de periodos lluviosos varias estaciones de las costas norte y sureste, con totales cercanos o iguales a 50 días: Manatí (47), Guayama (47) y Maunabo (50).

También, se observan números totales intermedios, entre 20 y 30 o 40, de días de periodos lluviosos en varios lugares, de la mitad este del territorio, Gurabo (24), Corozal (28), Roosevelt Roads (28) y San Juan (32), y en la costa noroeste, Isabela (32).

Por último, los números totales de días de periodos lluviosos más bajos del área de estudio son inferiores a 20 días. Éstos se ubican en el este de la Cordillera Central, Cayey (18), y en la Sierra de Luquillo, Pico del Este (19).

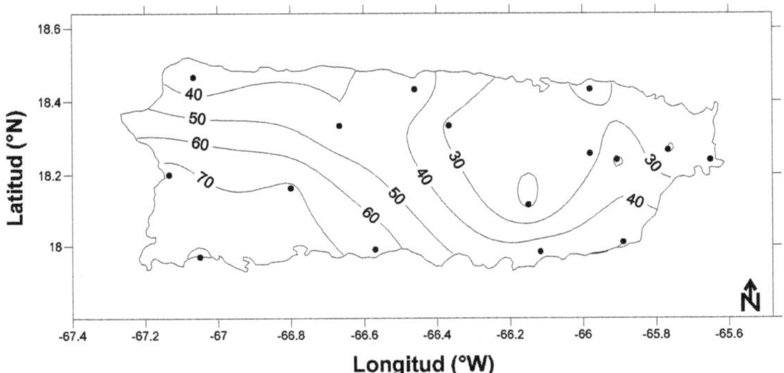

Mapa 41. Duración total de días de los periodos lluviosos "Ll" en el periodo 1961-2000 (* 1971-2000).

Del mapa 40, sobre la duración total de días de períodos lluviosos, destaca la escasa cantidad de días lluviosos en los principales sistemas montañosos de la región este, y la extensa cantidad de días lluviosos en la región suroeste. Recuérdese que el procedimiento de determinación de los períodos lluviosos, así como el de los secos, es relativo a cada lugar, por lo que no debe sorprender una baja duración total de días de períodos lluviosos en sectores muy lluviosos.

En la **figura 4** se representa la distribución de los periodos lluviosos en el conjunto del área de estudio a lo largo del año.

El número de periodos lluviosos presente en cada estación meteorológica oscila entre un mínimo de 4 y un máximo de 8 periodos en Dos Bocas y Juncos, respectivamente.

La duración de los periodos lluviosos fluctúa entre un periodo mínimo de 3 días y un periodo máximo de 32 días en Adjuntas (28 agosto – 28 septiembre) (ver **tabla 29**).

Los periodos lluviosos con mayor duración se dan en varios lugares de la mitad oeste, 21 días en Mayagüez (5 septiembre – 25 septiembre), 23 y 25 días en Magueyes (8 septiembre – 30 septiembre) (17 octubre – 10 noviembre), 29 días en Dos Bocas (25 agosto – 22 septiembre) y 30 días en Ponce (13 octubre – 11 noviembre).

Cabe señalar el considerable contraste que se observa entre las duraciones totales de periodos lluviosos de algunas estaciones meteorológicas como Magueyes y Adjuntas, región suroeste , y Cayey y Pico del Este, región este. Así, por ejemplo, mientras que en Magueyes y Adjuntas se aprecian dos periodos lluviosos iguales o superiores a 20 días, de los cinco que se observan, en Cayey y Pico del Este se producen cinco periodos lluviosos de corta duración, que globalmente suponen poco menos de 20 días.

Los periodos lluviosos se desarrollan en las épocas de verano y otoño y, en menor medida, en primavera y principios de invierno. Específicamente, se dan periodos lluviosos en el mes de mayo y entre los meses de julio y diciembre. La mayor concentración de periodos lluviosos ocurre en los meses de septiembre y octubre, durante los cuales gran parte de las estaciones meteorológicas presentan periodos lluviosos, a excepción de Pico del Este.

También se aprecian periodos lluviosos en mayo en varios lugares repartidos en el territorio: Pico del Este y Juncos, en la región este; Manatí, Dos Bocas e Isabela, en la región norte; Adjuntas, en la parte oeste de la Cordillera Central; y Ponce y Guayama, en la costa sur.

Los periodos lluviosos en este mes suelen ser de corta duración y oscilan entre 3 y 7 días, aproximadamente. En cambio, durante el verano y el otoño los periodos lluviosos son más abundantes y de mayor duración que en la primavera.

Los primeros periodos lluviosos en verano-otoño comienzan en julio en Mayagüez, costa oeste, y San Juan y Cayey, mitad este del territorio, aunque la mayoría de las estaciones meteorológicas inician periodos lluviosos en el mes de agosto: Dos Bocas, Guayama, Juncos, Isabela, Magueyes, Maunabo, Ponce, Roosevelt Roads y Adjuntas. Los lugares en iniciar periodos lluviosos más tardíos se ubican en varios lugares de la mitad este, y lo hacen entre los meses de septiembre y noviembre: septiembre, Gurabo y Corozal; octubre, Manatí; noviembre, Pico del Este.

Los periodos lluviosos del área de estudio finalizan entre los meses de octubre y diciembre. En octubre finalizan los periodos lluviosos en algunos lugares de la mitad oeste del territorio, Mayagüez, Adjuntas y Dos Bocas, y de la costa sur, Guayama. La mayoría de las estaciones meteorológicas finalizan los periodos lluviosos durante el mes de noviembre: Cayey, Juncos, Isabela, Magueyes, Maunabo, Ponce, Roosevelt Roads y San Juan. Por último, finalizan los periodos lluviosos durante la primera quincena de diciembre en la región este, Pico del Este, Juncos y Gurabo, y en la costa norte, Manatí. Sólo un lugar del área de estudio, Cayey, presenta un periodo lluvioso, de tres días de duración, en plena época invernal: enero.

9.4.5 Análisis de correlación entre las duraciones totales de los periodos secos y lluviosos y la posición geográfica

En estas correlaciones el factor orográfico es el que mayor incidencia tiene en las duraciones totales de los periodos secos en el área de estudio (**tabla 30**). La orografía del territorio está relacionada negativamente con los periodos secos, con una correlación significativa de la r de Pearson de 0.50 y un valor de p de 0.05, o un nivel de confianza igual al 95%. Esto permite señalar, de acuerdo a la muestra analizada, que los periodos secos son de mayor duración cuanto menor es la elevación del territorio y de menor duración cuanto mayor es la elevación.

Por otra parte, las duraciones totales de los periodos lluviosos tienen relación directa con la longitud geográfica. Esas duraciones presentan una correlación positiva con la longitud de 0.64 y un valor de p de 0.007. En este sentido, se puede señalar que los periodos lluviosos son de mayor duración cuanto mayor es la longitud geográfica.

Tabla 30: Análisis de correlaciones con valores de la r de Pearson y del valor de p entre las duraciones totales de los periodos lluviosos y secos y los factores geográficos, latitud (°N), longitud (°W) y altitud (m), del conjunto del área de estudio, en el periodo 1961-2000 (* 1971-2000) (Valores significativos con α=0.05 en negrita).

	Correlación	Latitud (°N)	Longitud (°W)	Altitud (m)
S total	r	0,18	0,21	**-0,50**
	p-value	0,435	0,504	**0,048**
Ll total	r	-0,43	**0,64**	-0,29
	p-value	0,096	**0,007**	0,275

9.5 Discusión

De la observación de la **figura 4**, podemos señalar a modo general, que la mayoría de los periodos lluviosos y secos son coincidentes a lo largo del año en el conjunto del área de estudio. Es decir, se han obtenido unos determinados periodos, tanto secos como lluviosos, que se corresponden temporalmente bien en la mayoría de las estaciones meteorológica del territorio, lo que indica, naturalmente, que Puerto Rico, aun contando con sus grandes diferencias pluviométricas internas, forma parte en conjunto de un tipo de clima con unas épocas lluviosas y secas definidas en el calendario.

Mayagüez presenta, tanto en periodos secos y lluviosos, los totales más elevadas, en días, del área de estudio, contrastando con la estación de Pico del Este, que muestra una de las cantidades totales más bajas del territorio, tanto en los periodos secos como lluviosos. Es necesario aquí recalcar que el procedimiento empleado para la determinación de los períodos lluviosos y los períodos secos es relativo a cada estación meteorológica, por lo que no tiene relación directa con la pluviosidad de cada lugar. Como en Pico del Este llueve mucho y muchos días gran parte del año los umbrales cuartílicos que definen los dos tipos de períodos no discriminan tanto como los de lugares de menor pluviosidad.

Por otra parte, se aprecia un leve contraste en la distribución de los periodos secos y lluviosos entre las regiones este y oeste del área de estudio. En este sentido, los periodos secos de las estaciones de la región oeste (Mayagüez y Adjuntas) comienzan y finalizan primero, entre diciembre y marzo, que un número considerable de estaciones de la región este (Gurabo, Roosevelt Roads, San Juan y Pico del Este), en las cuales acontece entre febrero y abril. Asimismo, Mayagüez y Adjuntas finalizan los periodos lluviosos alrededor de uno a dos meses antes que las estaciones de la región este. La longitud es, pues, un factor pluviométrico diferenciador en cuanto al calendario de aparición y de finalización de los períodos lluviosos y secos

Finalmente, en relación a la hipótesis antes planteada, podemos aceptar dicha premisa, debido a que existe una notable diferencia entre la duración total de los periodos secos y la altitud en el área de estudio.

Del análisis de la **figuras 5** a la **20** del apéndice, y teniendo en cuenta las consideraciones antes mencionadas, podemos remarcar ciertas singularidades e irregularidades en el conjunto del área de estudio, es decir, ciertos periodos o fechas en los que la precipitación presenta un comportamiento medio que discrepa del régimen y devenir de la precipitación en los períodos del año en que se enmarcan, a modo de paréntesis secos o lluviosos.

- Presencia de un régimen pluviométrico típico del mar Caribe con doble máximo equinoccial (en M), el principal en otoño, y una notable sequía entre invierno y principios de primavera. Este régimen se da en relación tanto a las cantidades como a la frecuencia de la precipitación en el interior de la región este (Juncos), en la región norte (Dos Bocas e Isabela) y en la costa sur (Guayama y Ponce).

- Existencia de un régimen pluviométrico con doble máximo equinoccial (en M), el principal en otoño con respecto sólo a las cantidades de precipitación y una sequía considerable en invierno y primavera con respecto tanto a las cantidades como a la frecuencia de la precipitación en la región este (Roosevelt Roads, Maunabo y Gurabo).

- Presencia de un régimen pluviométrico con doble máximo equinoccial (en M), el principal en otoño con respecto sólo a las cantidades de precipitación y con doble mínimo solsticial, el principal en invierno y primavera con respecto tanto a las cantidades como a la frecuencia de la precipitación en la región norte (San Juan y Corozal) y en la costa suroeste (Magueyes).

- Existencia de un régimen pluviométrico con doble máximo equinoccial (en M), el principal en otoño y con doble mínimo solsticial, el principal en invierno y primavera. Este régimen se da en relación tanto a las cantidades como a la frecuencia de la precipitación en la región norte (Manatí) y en la parte oeste de la Cordillera Central (Adjuntas).

- Presencia de un régimen pluviométrico con doble máximo equinoccial (en M), el principal, a finales de primavera, y una notable sequía, en términos relativos, a finales de invierno y principios de primavera. Este régimen se da en relación tanto a las cantidades como a la frecuencia de la precipitación en la Sierra de Luquillo (Pico del Este).

- Presencia de un régimen pluviométrico con un solo máximo en verano y otoño y una destacada sequía en invierno y primavera. Este régimen se da en relación tanto a las cantidades como a la frecuencia de la precipitación en la costa oeste (Mayagüez).

- Presencia de un régimen pluviométrico con un máximo pluviométrico, en otoño, y con un mínimo en invierno. Este régimen se da en relación tanto a las cantidades como a la frecuencia de la precipitación en la parte este de la Cordillera Central (Cayey).

- Agravación de la duración y la intensidad de la sequía de invierno y primavera de este a oeste, y existencia de irregularidades secas o relativamente secas en los meses de febrero y marzo en el área de estudio.

- En los días 15 y 18 de enero se halla una irregularidad seca o relativamente seca en la mitad oeste del área de estudio (Dos Bocas, Adjuntas e Isabela).

- Del 17 al 21 de enero se halla una irregularidad seca o relativamente seca en la costa sur (Guayama, Ponce y Magueyes).

- Del 18 al 21 de enero se halla una irregularidad seca o relativamente seca en la en algunos lugares de la región este (Roosevelt Roads y Juncos).

- En los días 17 y 22 de enero se halla una irregularidad seca o relativamente seca en la costa sur (Guayama, Ponce y Magueyes).

- Del 4 al 10 de febrero se halla una irregularidad seca o relativamente seca en un lugar del interior de la región este (Juncos) y en la región norte (San Juan, Manatí, Dos Bocas e Isabela).

- Del 5 al 7 de febrero se halla una irregularidad seca o relativamente seca en buena parte del territorio, a excepción de la Sierra de Luquillo y la parte este de la

Cordillera Central (Roosevelt Roads, Maunabo, Juncos, San Juan, Corozal, Manatí, Dos Bocas, Ponce, Adjuntas, Magueyes, Isabela, y Mayagüez).

- Del 25 al 2 de marzo se halla una irregularidad seca o relativamente seca en prácticamente toda el área de estudio, a excepción de la parte este de la Cordillera Central (Pico del Este, Maunabo, Gurabo, San Juan, Corozal, Manatí, Dos Bocas, Ponce, Adjuntas, Magueyes, Isabela y Mayagüez).

- Del 13 al 24 de marzo se halla una irregularidad seca o relativamente seca en la región este (Pico del Este, Roosevelt Roads, Maunabo, Juncos, Gurabo y San Juan) y en la costa noroeste (Isabela).

- Del 15 al 21 de marzo se halla una irregularidad seca o relativamente seca en la región este (Pico del Este, Roosevelt Roads, Maunabo, Juncos, Gurabo y San Juan) y en la región norte (Corozal, Manatí, e Isabela).

- Del 19 al 21 de marzo se halla una irregularidad seca o relativamente seca en prácticamente toda el área de estudio, a excepción de la parte oeste de la Cordillera Central (Roosevelt Roads, Pico del Este, Maunabo, Juncos, Gurabo, San Juan, Guayama, Cayey, Corozal, Manatí, Magueyes, Isabela y Mayagüez).

- Del 3 al 10 de abril se halla una irregularidad seca o relativamente seca en varios lugares de la mitad este del territorio (Roosevelt Roads, Gurabo, Guayama y Cayey).

- Del 3 al 6 de abril se halla una irregularidad seca o relativamente seca en gran parte de la mitad este del territorio (Roosevelt Roads, Pico del Este, Maunabo Juncos, Gurabo, San Juan, Guayama y Cayey) y en varios lugares de la región norte (Manatí e Isabela).

- Del 5 al 10 de junio y del 12 al 24 se hayan irregularidades secas o relativamente secas en la región norte (Corozal y Manatí).

- Del 26 al 28 de junio se halla una irregularidad seca o relativamente seca en la región oeste (Ajuntas y Magueyes).

- Presencia de singularidades lluviosas o relativamente lluviosas en septiembre, a excepción de Pico del Este, Cayey y Manatí.

- Del 14 al 17 de mayo se halla una singularidad lluviosa o relativamente lluviosa en lugares dispersos del área de estudio (Juncos y Manatí).

- Del 16 al 19 de mayo se halla una singularidad lluviosa o relativamente lluviosa en lugares dispersos del área de estudio (Isabela, Ponce y Pico del Este).

- Del 19 al 25 de agosto se halla una singularidad lluviosa o relativamente lluviosa en un lugar del interior de la región este (Juncos) y en buena parte de las regiones sur y oeste del territorio (Ponce, Adjuntas, Magueyes, Isabela y Mayagüez).

- Del 15 al 17 de septiembre se halla una singularidad lluviosa o relativamente lluviosa en gran parte del área de estudio, a excepción de la Sierra de Luquillo y la parte este de la Cordillera Central (Roosevelt Roads, Maunabo, Juncos, San Juan, Corozal, Manatí, Dos Bocas, Ponce, Adjuntas, Magueyes, Isabela y Mayagüez).

- Del 11 al 24 de septiembre se halla una singularidad lluviosa o relativamente lluviosa en la costa sur (Guayama, Ponce y Magueyes) y parte de la región oeste (Adjuntas y Mayagüez).

- Existencia de singularidades lluviosas o relativamente lluviosas en octubre, a excepción de Pico del Este.

- Los días 14 y 15 de octubre se halla una singularidad lluviosa o relativamente lluviosa en lugares de la región este, norte, sur y oeste del territorio, con la excepción de la Sierra de Luquillo, entre otros escasos lugares (Roosevelt Roads, Maunabo, Guayama, Cayey, Corozal, Manatí, Ponce, Adjuntas, Magueyes y Mayagüez).

- Del 18 al 23 de octubre se halla una singularidad lluviosa o relativamente lluviosa en la costa sur (Guayama, Ponce y Magueyes), y en partes de la región oeste (Adjuntas y Mayagüez) y de la región norte (Corozal y Manatí).

- Del 17 al 10 de noviembre se halla una singularidad lluviosa o relativamente lluviosa en la costa sur (Ponce y Magueyes).

10. Conclusiones

En este trabajo se han calculado los valores de algunas de las características o variables de la precipitación de Puerto Rico utilizando los métodos y las técnicas propias de la Climatología cuantitativa. En este estudio se han utilizado las series pluviométricas de datos diarios de 16 estaciones meteorológicas del conjunto del área de estudio en el periodo 1961-2000.

A partir de estos datos, se han planteado y verificado hipótesis y se han propuesto explicaciones respecto a las características climatológicas de la precipitación diaria. El área de estudio, que comprende la isla de Puerto Rico, localizada entre el Atlántico Norte y el mar Caribe, presenta una gran variedad geográfica a causa, principalmente, de las diferencias de latitud, longitud y altitud. Estos factores geográficos originan una disparidad notable en las características de los valores de precipitación. Con todo, el área de estudio queda dividida en dos sectores claramente diferenciados: el oriental, en el que destaca Pico del Este, y el occidental, entre Ponce y Mayagüez.

Después de haber obtenido las medias mensuales de la cantidad de precipitación del área de estudio, en relación al periodo 1961-2000 (1971-2000, para dos estaciones), se ha podido observar que los mínimos mensuales aparecen, predominantemente, en el mes de marzo, con valores comprendidos entre 46 mm y 332 mm, en Ponce y en Pico del Este, respectivamente. Los máximos, sin embargo, se producen alrededor de los meses de septiembre y octubre, superando los 200 mm en casi todo el territorio, y rebasando los 300 mm en la región oeste (Mayagüez, Dos Bocas y Adjuntas) y los 500 mm en Pico del Este. Así, en el área de estudio se puede distinguir un régimen mensual con dos máximos equinocciales, con diagrama pluviométrico en forma de M, uno secundario, en mayo, y otro principal, entre los meses de septiembre y noviembre.

Además, se han hallado cuatro ritmos pluviométricos distintos: OVPI, OPIV, OPVI y OVIP. Los ritmos con máximo en otoño y mínimo en invierno, OVPI y OPVI, ocupan casi todo el área de estudio, el ritmo con máximo en otoño y mínimo en verano, OPIV, aparece en un sector de la región norte (Manatí y Corozal) y el de máximo otoñal y mínimo primaveral, OVIP, en el extremo sureste (Maunabo). Una particularidad del régimen OVIP es que presenta una menor variación entre el valor máximo y mínimo que los otros ritmos.

También, se ha podido comprobar que: la media anual de precipitación oscila entre el valor máximo de 5637 mm en Pico del Este, Sierra de Luquillo, y el valor mínimo de 987 mm en Magueyes, costa suroeste, en el periodo de 1961-2000. Los siguientes valores elevados de media anual de precipitación fluctúan entre 2300 y 2500 mm, aproximadamente, y se localizan en el interior de la región norte, parte oeste de la Cordillera Central y la costa oeste. En cambio, la región este y la costa norte presentan valores intermedios de medias anuales superiores a 2000 mm. Finalmente, la costa sur muestra las medias anuales de precipitación más bajas del territorio con valores inferiores a 2000 mm.

Tal y como mencionamos en el análisis de correlación entre la precipitación anual y los factores geográficos, es el altitudinal el que tiene mayor incidencia sobre la cantidad anual de lluvia en el territorio. Las elevadas cantidades que se registran en la Sierra de Luquillo y en la Cordillera Central se explican por el efecto pantalla que ejercen éstas en relación a los vientos alisios, ondas tropicales y frentes fríos. El gradiente decreciente de la región sur es debido a la pérdida de efectividad de los flujos de inestabilidad, tanto de las ondas como de los frentes fríos, que atraviesan el territorio.

Por otro lado, se han obtenido las medias anuales y las medias estacionales de días de precipitación del conjunto del área de estudio. El promedio anual de días de precipitación oscila entre el valor máximo de Pico del Este de 316 días y el valor mínimo de Magueyes de 82 días. Además de los valores extremos citados, el resto del territorio presenta una variación de días de precipitación de entre 207 días en Gurabo y 96 días en Ponce. Al igual que la media anual, Pico de Este y Magueyes muestran los promedios extremos estacionales de días de precipitación del área de estudio. Pico del Este presenta los números estacionales máximos de días de precipitación, que fluctúan entre 83 días en otoño y 76 días en primavera, y Magueyes da los mínimos estacionales de días de precipitación, que oscilan entre 30 días en otoño y 15 días en invierno. Además de los promedios extremos citados, el resto del territorio presenta una oscilación de los días de precipitación estacionales de entre 40 y 50 días, aproximadamente, en Roosevelt Roads, Gurabo y San Juan, y de entre 18 y 40 días, en Ponce y Mayagüez. Por otra parte, se considera que tanto el factor altitudinal como el longitudinal están directamente relacionados con la frecuencia de la precipitación, aumentado los días de precipitación al aumentar la elevación y la longitud en el área de estudio.

También se ha analizado la intensidad de la precipitación diaria mediante la distribución de máximos de Gumbel, $F(x) = e^{-e^{-\alpha(x-u)}}$, la cual realiza un ajuste satisfactorio de las cantidades máximas anuales en un día, y se han obtenido las cantidades máximas esperadas en un día para diferentes periodos de retorno o intervalos de recurrencia, en años, del conjunto del área de estudio. En las regiones que presentan mayor intensidad se ha de esperar, en promedio cada diez años, un día con precipitación superior a 250 mm: en la Sierra de Luquillo, Pico del Este; en el interior de la región este, Juncos; y en la Cordillera Central, Cayey y Adjuntas. Las intensidades elevadas de precipitación diaria coinciden, en gran medida, con las mayores elevaciones en el territorio.

Los puntos con menor intensidad pluviométrica diaria se localizan en el litoral, especialmente, Roosevelt Roads, San Juan e Isabela, en los cuales una cantidad diaria superior a 250 mm tiene un periodo de retorno igual o superior a 200 años.

Se han obtenido las curvas exponenciales $y = a\overline{X}e^{bx}$, con a y b constantes, las cuales realizan un buen ajuste de los puntos que tienen por abscisas los números acumulados de días con precipitación apreciable, en porcentajes respecto al total de días con precipitación, y por ordenadas las cantidades acumuladas por los correspondientes días de precipitación, en porcentajes respecto a la cantidad total, en relación a cada una de las clases en que se clasifican las cantidades diarias. Además, se ha introducido el índice de concentración (Martín-Vide, 2002), definido por $I' = 2S' / 10000$ (siendo S' la superficie comprendida entre la curva exponencial, la recta de equidistribución y la ordenada $x = 100$), con la finalidad de evaluar la irregularidad de las cantidades diarias, o sea, los desequilibrios en las aportaciones de cada clase. Asimismo, se ha verificado la siguiente hipótesis: La irregularidad o concentración diaria aumenta con la disminución de la latitud en el territorio, en relación al efecto barrera que ejercen los sistemas montañosos en la circulación atmosférica regional. Esta hipótesis se cumple para el índice de concentración de la precipitación diaria tanto anualmente como para la estación lluviosa, no siendo así para la estación seca.

Se ha realizado un tratamiento empírico de las secuencias de días con precipitación apreciable en el conjunto del área de estudio calculándose, en una primera parte, la duración media anual de las secuencias lluviosas, la secuencia lluviosa máxima registrada y el número total de secuencias lluviosas iguales o superiores a 7 y 10 días de duración, y, en una segunda parte, la probabilidad de secuencia lluviosa de 2, 5, 7, 10 y 15 días de duración.

En la primera parte, destacan los valores máximos de Pico del Este, muy superiores al resto del territorio, además de los valores mínimos de Magueyes, notablemente inferiores a gran parte del área de estudio.

Por un lado, los valores de la duración media de las secuencias lluviosas oscilan entre 2 y 3 días en casi todo el territorio, a excepción del valor máximo de Pico del Este, que tiene una media de secuencia lluviosa muy elevada, de 11 días. La duración máxima registrada de una secuencia lluviosa fluctúa entre los 8 días de Magueyes y los 45 días de Gurabo, si exceptuamos Pico del Este, que presenta una secuencia de 101 días consecutivos de lluvia, es decir, más de tres meses de precipitación apreciable. Los números totales de secuencias lluviosas iguales o superiores a 7 y 10 días de duración, durante el período analizado, oscilan entre los valores máximos de Pico del Este y los valores mínimos de Magueyes, los cuales obtienen totales de estas secuencias lluviosas de 571 y 443, y de 10 y 0, respectivamente. El resto del territorio presenta una variación de los totales de secuencias lluviosas iguales o superiores a 7 y 10 días, entre las 210 de Gurabo y las 22 de Ponce, para las secuencias iguales o superiores a 7 días, y entre las 120 de Maunabo y las 4 de Ponce, para las secuencias iguales o superiores a 10 días.

Por otro lado, en la segunda parte, en las probabilidades empíricas de las secuencias lluviosas de exactamente 2, 5, 7, 10 y 15 días, se dan resultados diferentes, especialmente, en la probabilidad de secuencia lluviosa de 2 días, con valores que oscilan entre el máximo del 34% de Gurabo y el mínimo del 16% de Pico del Este, y el resto del territorio, entre el 20% y el 25%. Asimismo, Gurabo, con 6.8%, mantiene el valor porcentual máximo en la probabilidad de secuencia lluviosa de 5 días y Magueyes presenta el porcentaje mínimo con 1.7%. En cambio, a partir de la probabilidad de secuencia lluviosa de 7 días, el valor máximo se halla siempre en Pico del Este, con valores porcentuales entre 4.2% y el 1.8% en las probabilidades de secuencia de 7, 10 y 15 días de duración. En el resto, los porcentajes de probabilidad de secuencia lluviosa de 7 días varían entre 2.7% de Maunabo y 0.1% de Magueyes. En la probabilidad de secuencia lluviosa de 10 días, se haya gran parte del territorio con porcentajes iguales o inferiores al 1%, con las excepciones de Pico del Este y Maunabo, este último con un porcentaje de 1.3%. En la probabilidad de secuencia lluviosa de 15 días, casi toda el área de estudio presenta porcentajes iguales o por debajo de 0.5%, a excepción de Pico del Este. En el extremo occidental, Magueyes, Mayagüez e Isabela, y en la costa sur, Ponce, dan valores nulos en este umbral. Por último, se ha verificado una hipótesis al respecto según la cual los números de días y los porcentajes de probabilidad de las secuencias lluviosas disminuyen con la longitud y aumentan con la altitud del terreno. Esto se explica, en gran medida, por la degeneración que sufren los flujos húmedos del este cuando atraviesan el área de estudio, lo cual favorece una cierta persistencia de la precipitación en los lugares de mayor elevación y en aquellos ubicados en la región este del territorio, en relación a los lugares de menor altitud y más occidentales.

Se ha definido *periodo lluvioso y periodo seco* a lo largo del año, para el conjunto del área de estudio, mediante el primer y el tercer cuartil de las medias móviles, centradas de 5 en 5 fechas, de las frecuencias y de las cantidades de precipitación diarias. Una vez determinados los periodos lluviosos y secos, se ha comprobado que la longitud total de los periodos lluviosos es mayor a medida que la longitud disminuye y que la longitud de los periodos secos es mayor a menor altitud.

Asimismo, se ha de señalar que existen unos periodos de lluvia y unos periodos secos coincidentes en gran parte del área de estudio. En este sentido, es notable que la mayoría de los periodos, tanto secos como lluviosos, se concentran en unos meses en específico del año. Por un lado, los periodos secos acontecen en todo el territorio entre invierno y principios de primavera, especialmente en febrero y marzo, y en el mes de junio en ciertos puntos. Por otro lado, los periodos lluviosos aparecen principalmente entre verano y otoño, en especial, en septiembre y octubre, y, en menor magnitud, en mayo en varios puntos del territorio.

Finalmente, a modo de resumen de las características pluviométricas analizadas, se han confirmado claras diferencias, principalmente, entre los lugares más elevados y bajos del territorio y, en menor medida, entre los puntos de la región este y la región oeste. De este modo, se comprueba que muchas de las variables estudiadas están significativa y positivamente correlacionadas con la altitud del territorio, con la única excepción del índice de concentración de la precipitación. Asimismo, se evidencia una relación inversa entre la longitud del territorio en la mayoría de de las características estudiadas.

11. Apéndice

11.1 Gráficos de precipitación media mensual (mm)

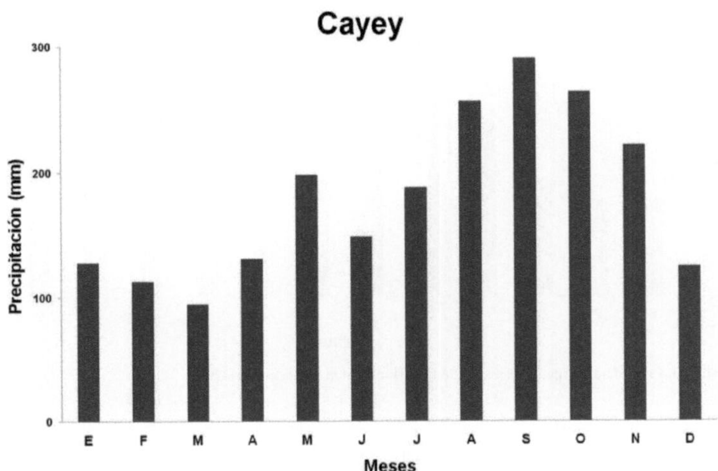

Gráfico 1. Precipitación media mensual de Cayey en el periodo 1961-2000.

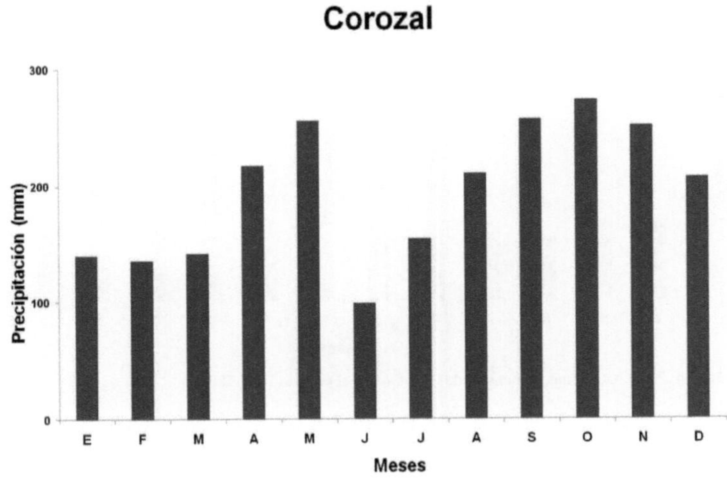

Gráfico 2. Precipitación media mensual de Corozal en el periodo 1961-2000.

Dos Bocas

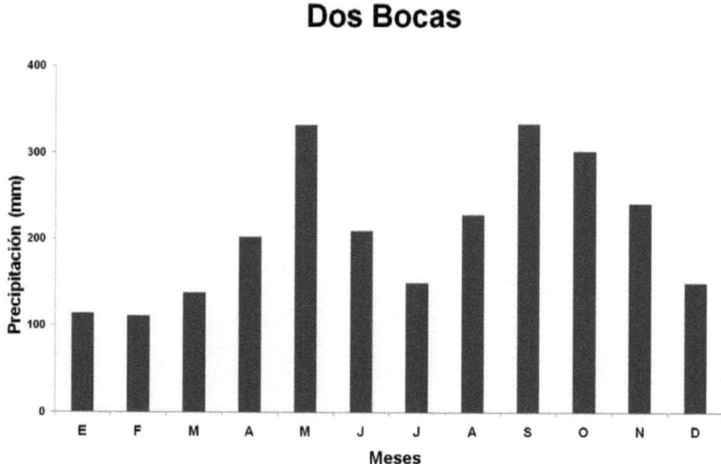

Gráfico 3. Precipitación media mensual de Dos Bocas en el periodo 1961-2000.

Guayama

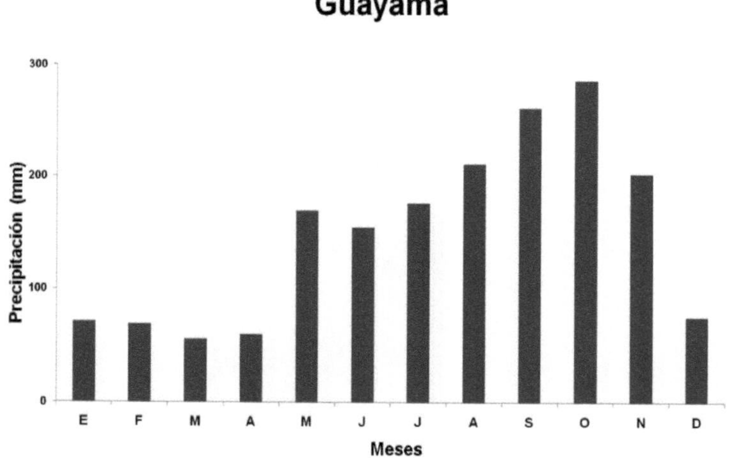

Gráfico 4. Precipitación media mensual de Guayama en el periodo 1961-2000.

Gurabo

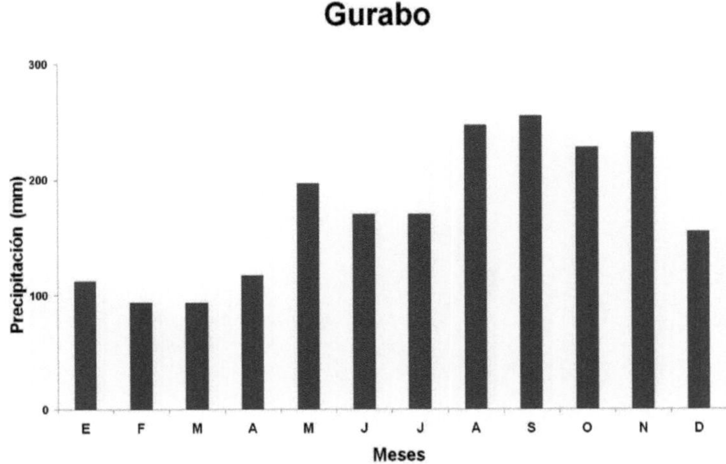

Gráfico 5. Precipitación media mensual de Gurabo en el periodo 1961-2000.

Isabela

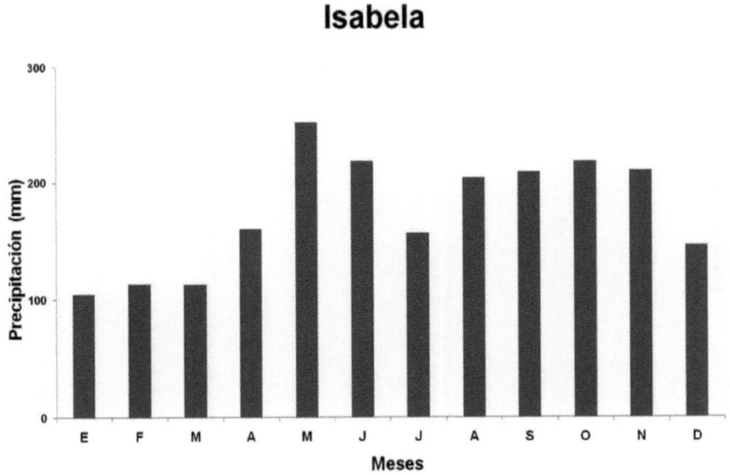

Gráfico 6. Precipitación media mensual de Isabela en el periodo 1961-2000.

Juncos

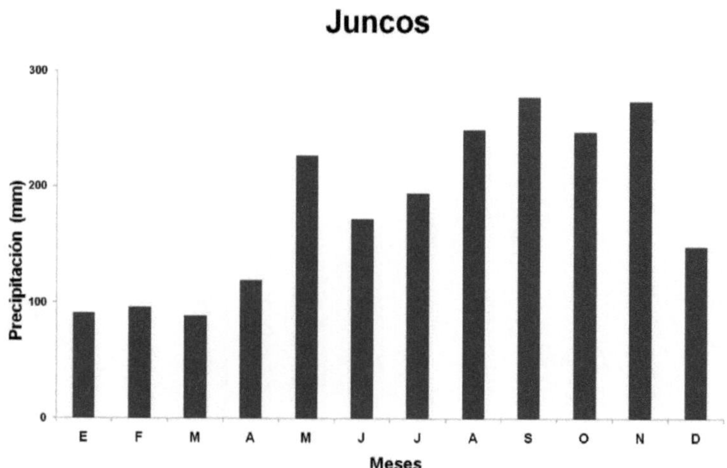

Gráfico 7. Precipitación media mensual de Juncos en el periodo 1961-2000.

Magueyes

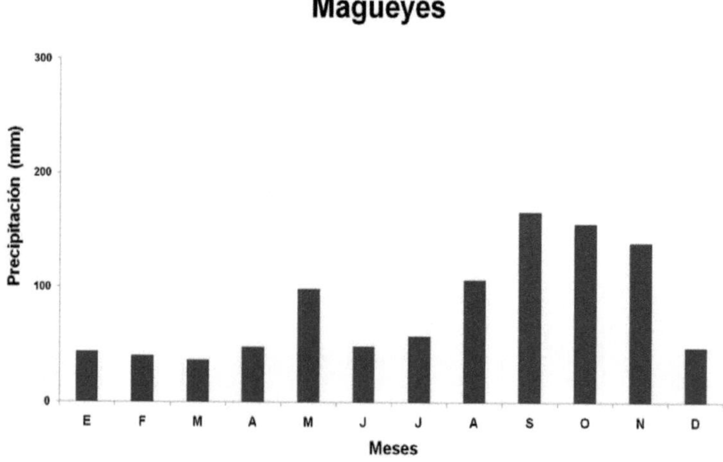

Gráfico 8. Precipitación media mensual de Magueyes en el periodo 1961-2000.

Manatí

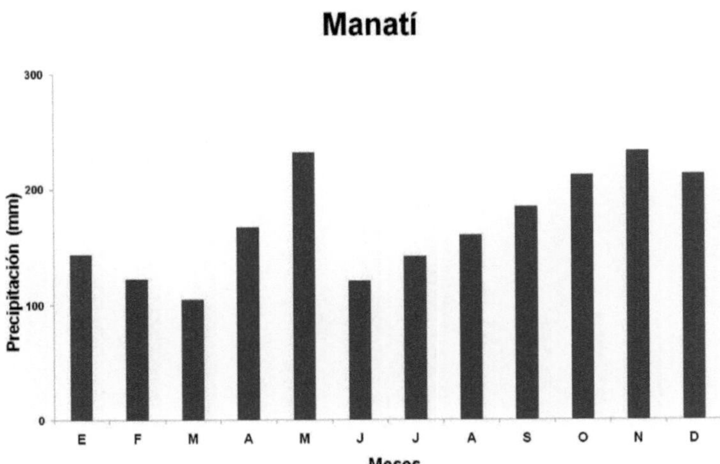

Gráfico 9. Precipitación media mensual de Manatí en el periodo 1961-2000.

Maunabo

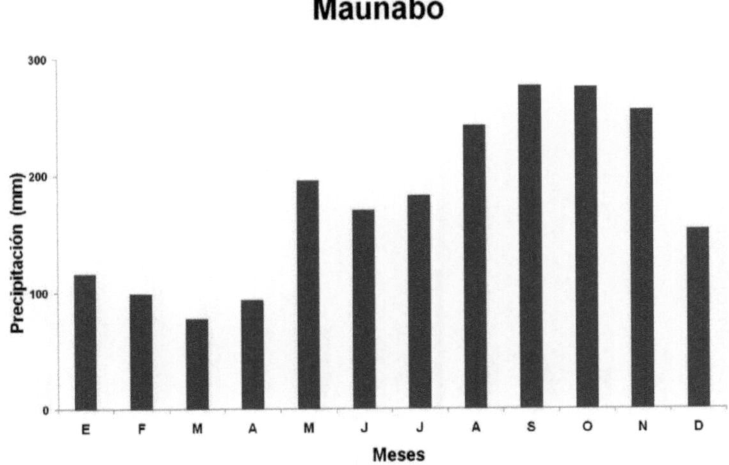

Gráfico 10. Precipitación media mensual de Maunabo en el periodo 1961-2000.

Mayagüez

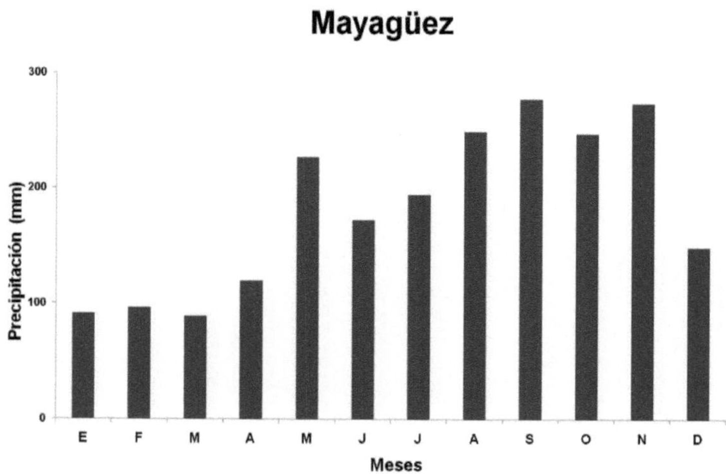

Gráfico 11. Precipitación media mensual de Mayagüez en el periodo 1961-2000.

Ponce

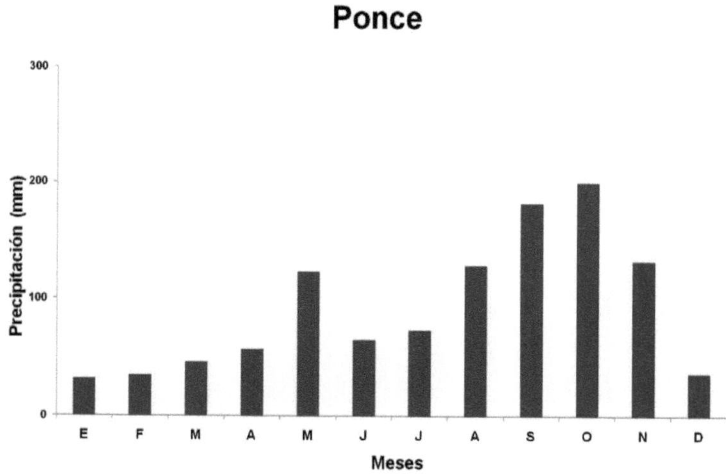

Gráfico 12. Precipitación media mensual de Ponce en el periodo 1961-2000.

Roosevelt Roads

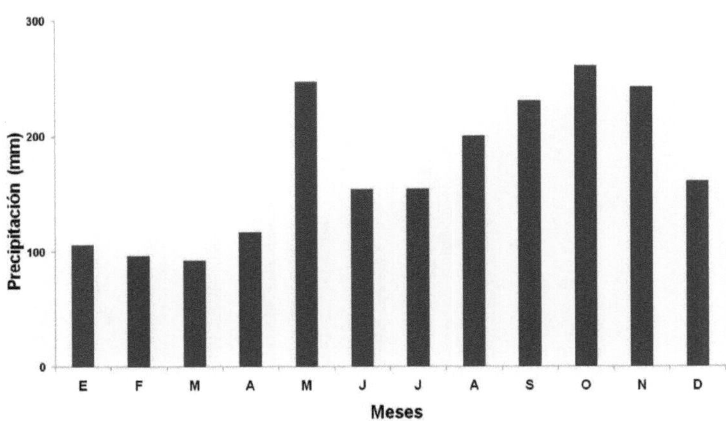

Gráfico 13. Precipitación media mensual de Roosevelt Roads en el periodo 1961-2000.

San Juan

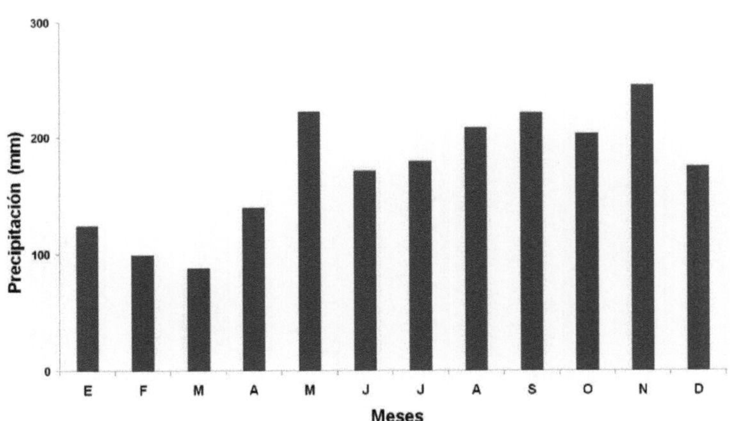

Gráfico 14. Precipitación media mensual de San Juan en el periodo 1961-2000.

Adjuntas **

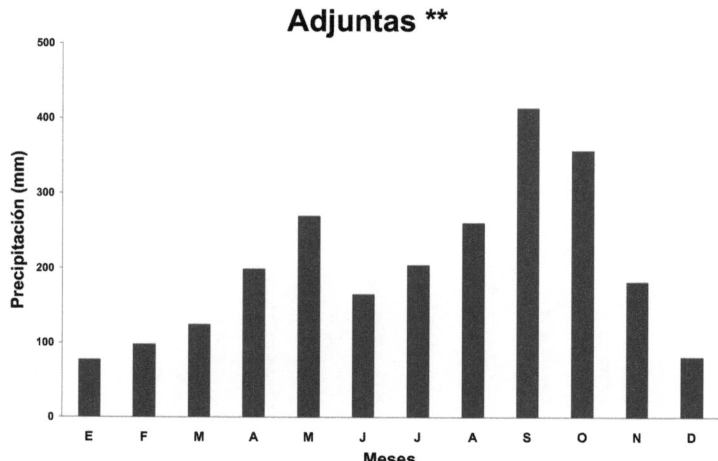

Gráfico 15. Precipitación media mensual de Adjuntas ** en el periodo 1961-2000.

Pico del Este **

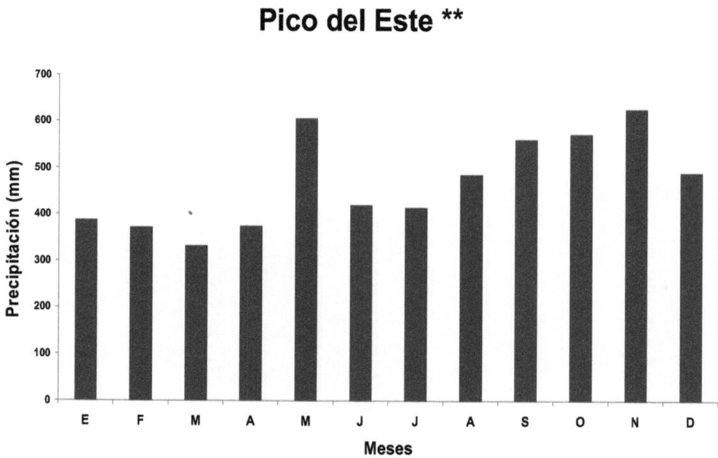

Gráfico 16. Precipitación media mensual de Pico del Este ** en el periodo 1961-2000.

11.2 Gráficos de regímenes estacionales de precipitación (mm)

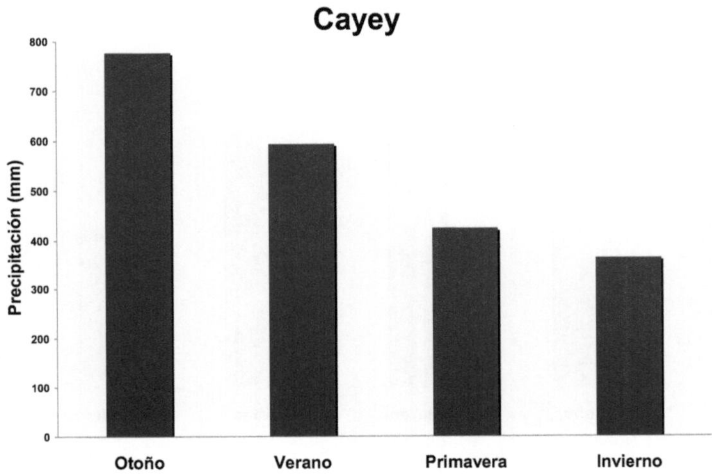

Gráfico 17. Régimen estacional de precipitación (mm) de Cayey en el periodo 1961-2000.

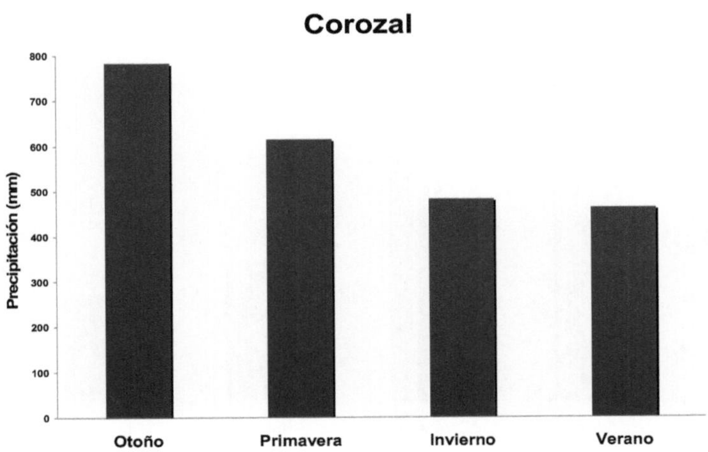

Gráfico 18. Régimen estacional de precipitación (mm) de Corozal en el periodo 1961-2000.

Dos Bocas

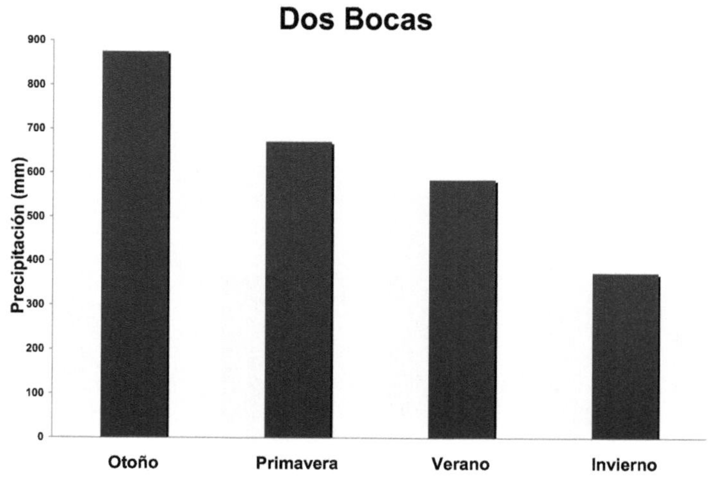

Gráfico 19. Régimen estacional de precipitación (mm) de Dos Bocas en el periodo 1961-2000.

Guayama

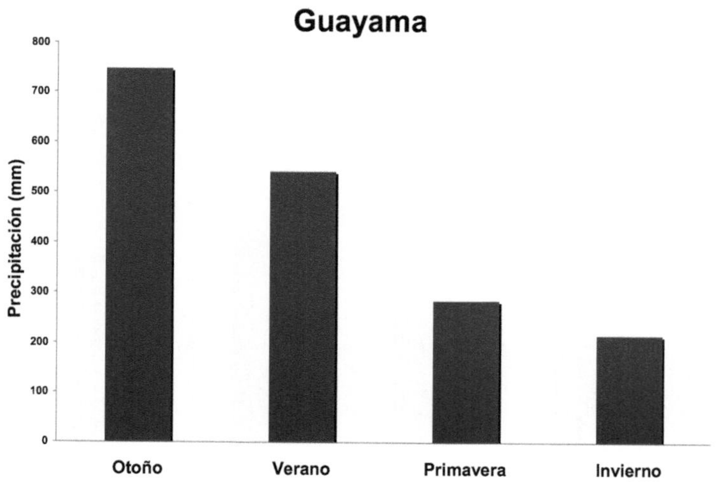

Gráfico 20. Régimen estacional de precipitación (mm) de Guayama en el periodo 1961-2000.

Gurabo

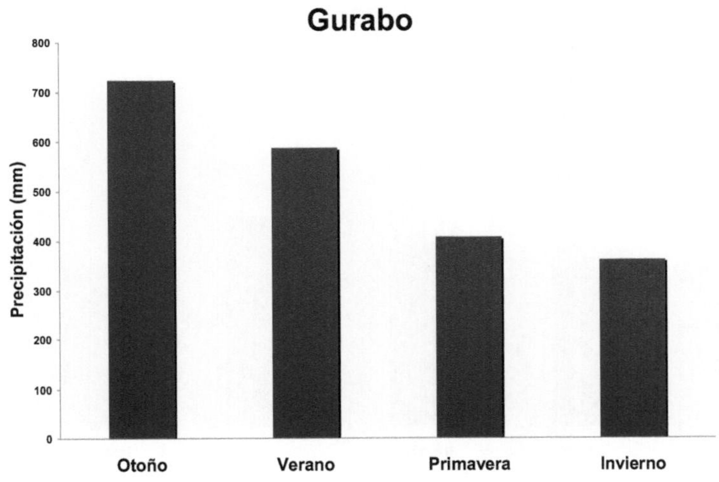

Gráfico 21. Régimen estacional de precipitación (mm) de Guarabo en el periodo 1961-2000.

Isabela

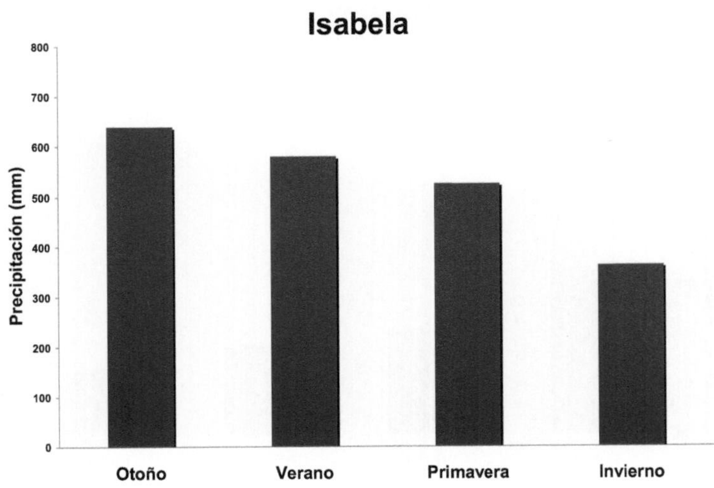

Gráfico 22. Régimen estacional de precipitación (mm) de Isabela en el periodo 1961-2000.

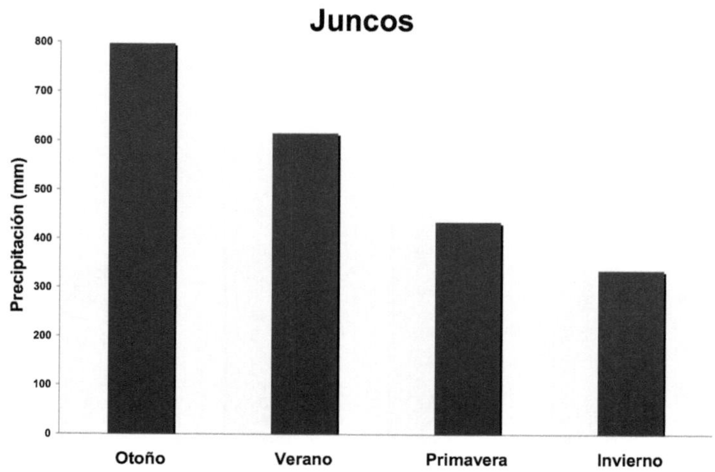

Gráfico 23. Régimen estacional de precipitación (mm) de Juncos en el periodo 1961-2000.

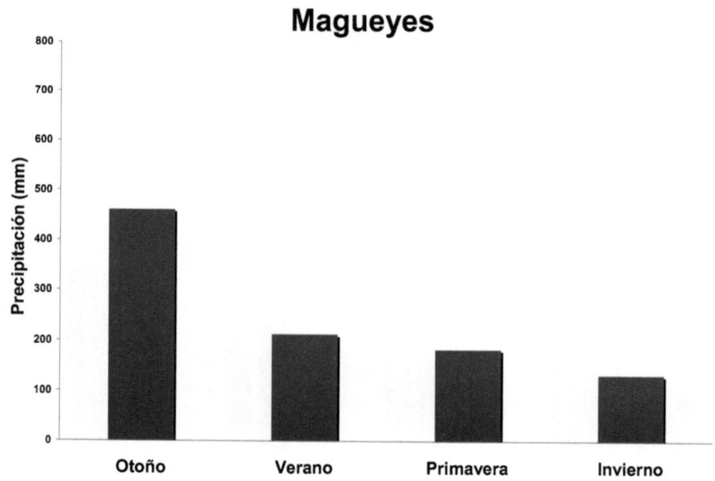

Gráfico 24. Régimen estacional de precipitación (mm) de Magueyes en el periodo 1961-2000.

Manatí

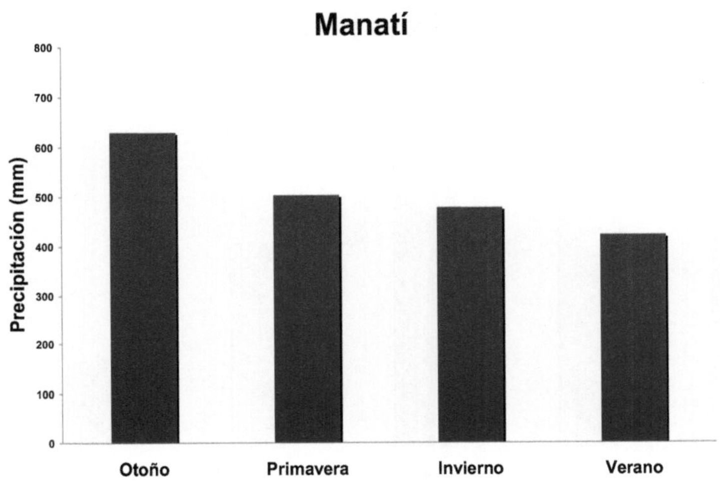

Gráfico 25. Régimen estacional de precipitación (mm) de Manatí en el periodo 1961-2000.

Maunabo

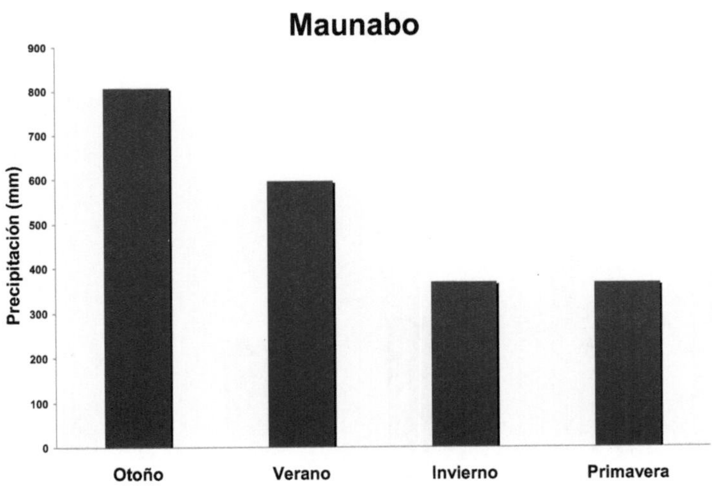

Gráfico 26. Régimen estacional de precipitación (mm) de Maunabo en el periodo 1961-2000.

Mayagüez

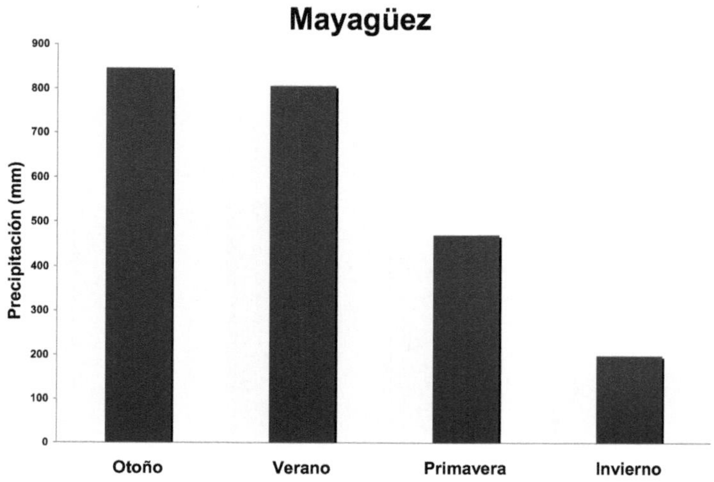

Gráfico 27. Régimen estacional de precipitación (mm) de Mayagüez en el periodo 1961-2000.

Ponce

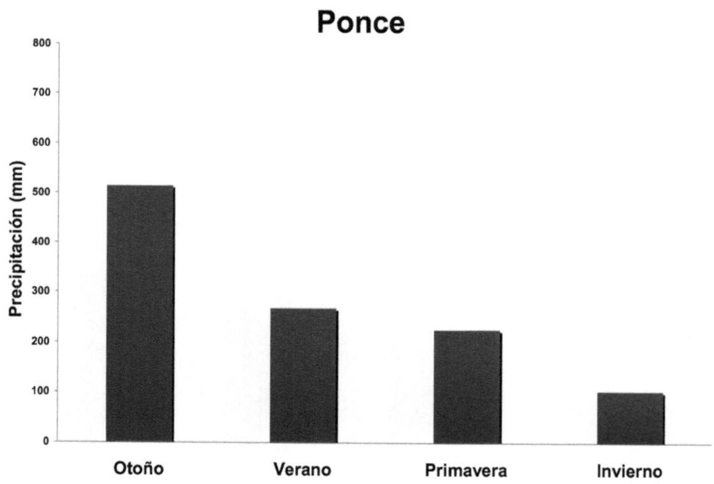

Gráfico 28. Régimen estacional de precipitación (mm) de Ponce en el periodo 1961-2000.

Roosevelt Roads

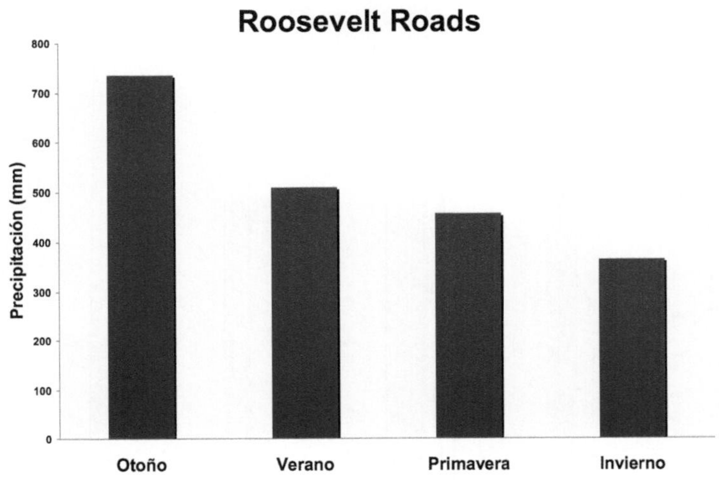

Gráfico 29. Régimen estacional de precipitación (mm) de Roosevelt Roads en el periodo 1961-2000.

San Juan

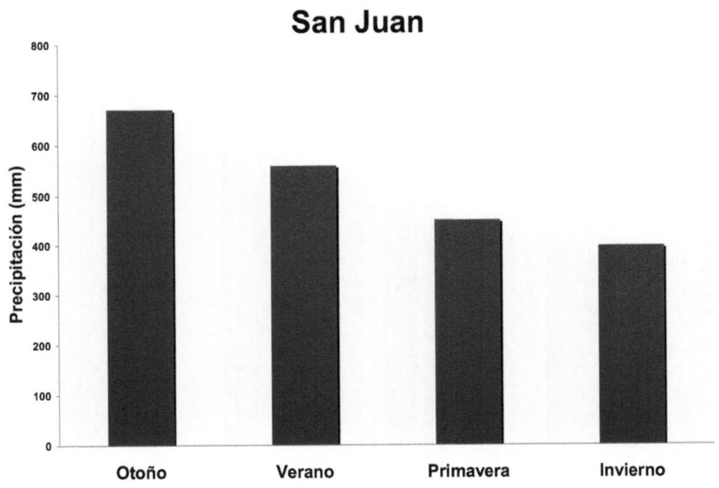

Gráfico 30. Régimen estacional de precipitación (mm) de San Juan en el periodo 1961-2000.

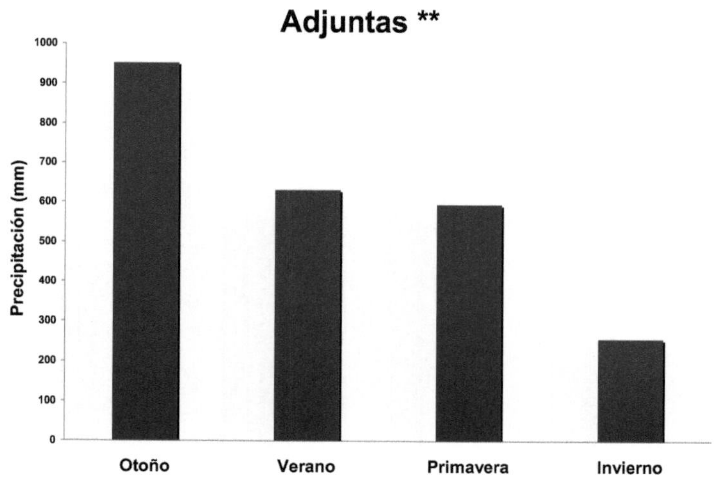

Gráfico 31. Régimen estacional de precipitación (mm) de Adjuntas ** en el periodo 1971-2000.

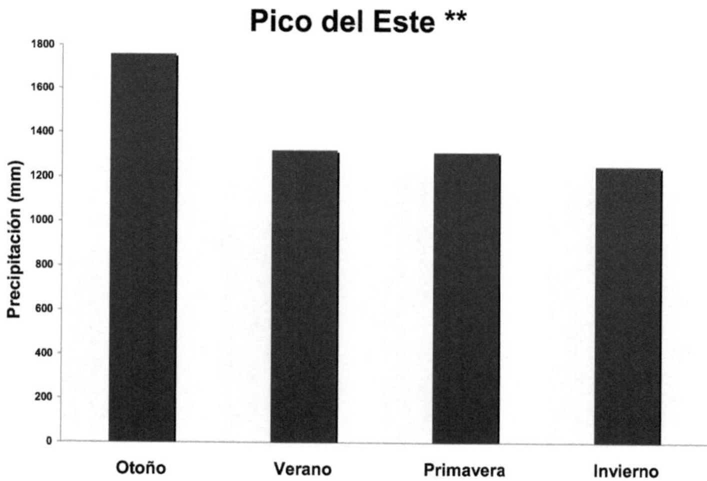

Gráfico 32. Régimen estacional de precipitación (mm) de Pico del Este ** en el periodo 1971-2000.

Cayey

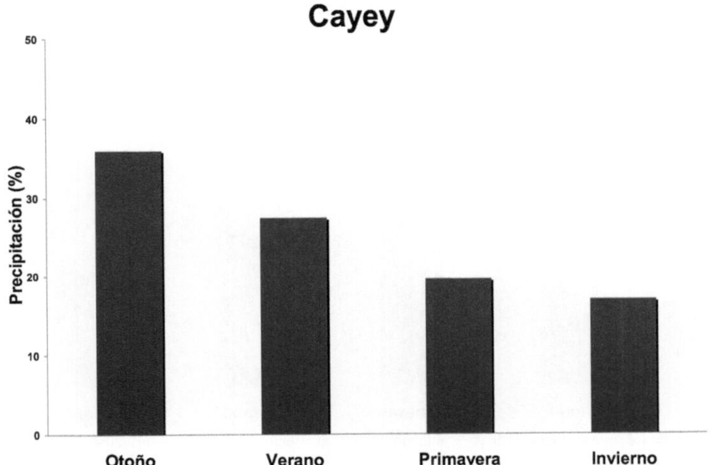

Gráfico 33. Régimen estacional de precipitación (%) de Cayey en el periodo 1961-2000.

Corozal

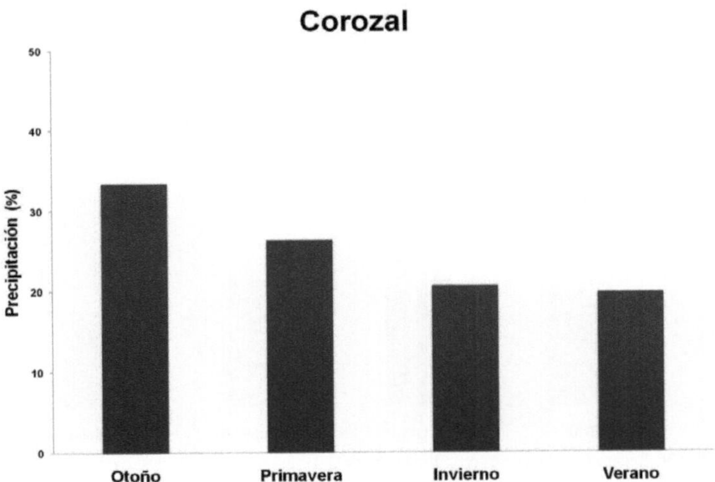

Gráfico 34. Régimen estacional de precipitación (%) de Corozal en el periodo 1961-2000.

Dos Bocas

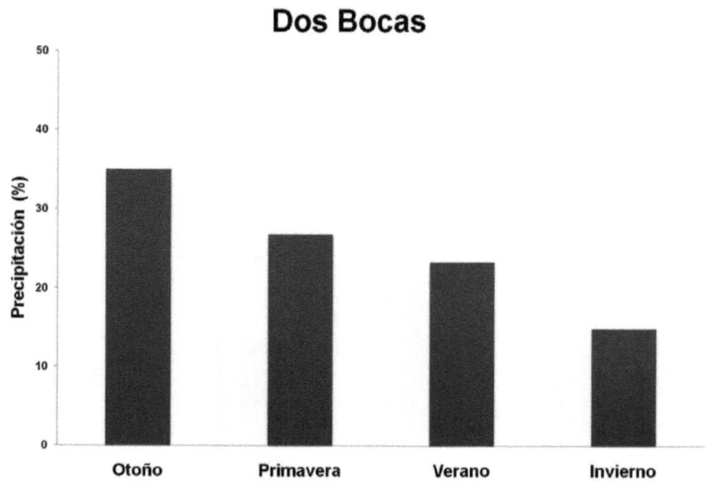

Gráfico 35. Régimen estacional de precipitación (%) de Dos Bocas en el periodo 1961-2000.

Guayama

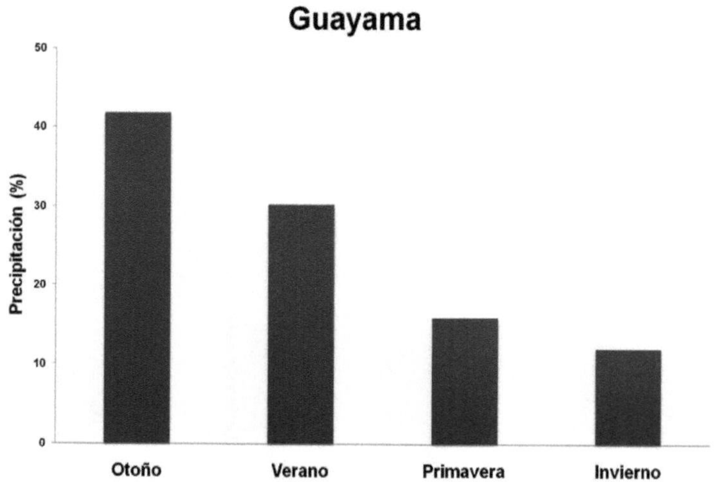

Gráfico 36. Régimen estacional de precipitación (%) de Guayama en el periodo 1961-2000.

Gurabo

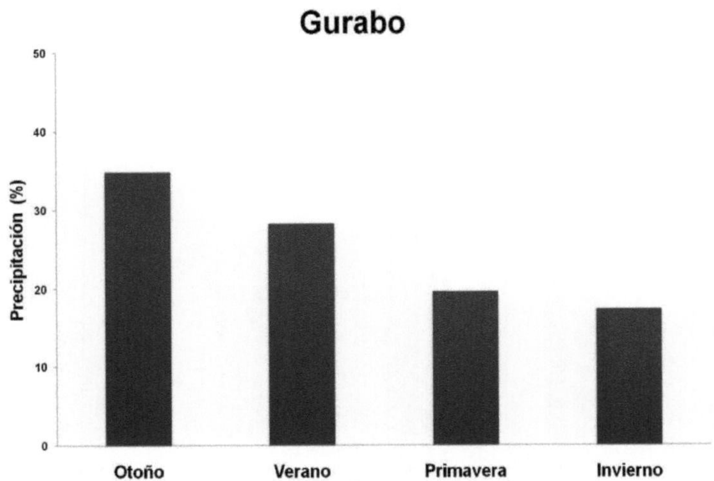

Gráfico 37. Régimen estacional de precipitación (%) de Gurabo en el periodo 1961-2000.

Isabela

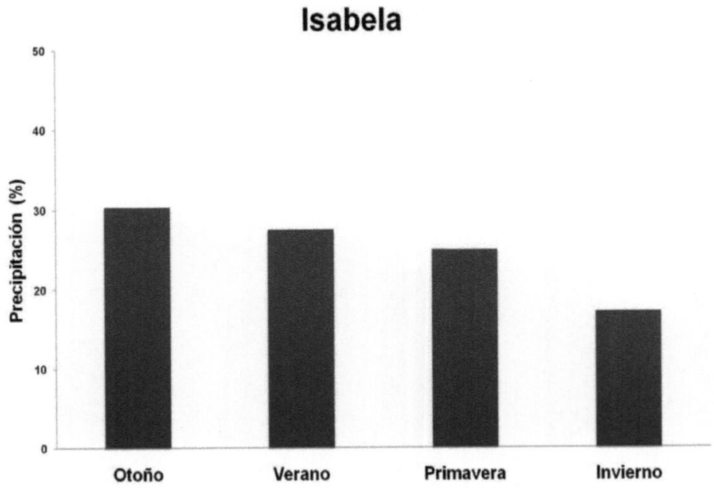

Gráfico 38. Régimen estacional de precipitación (%) de Isabela en el periodo 1961-2000.

Juncos

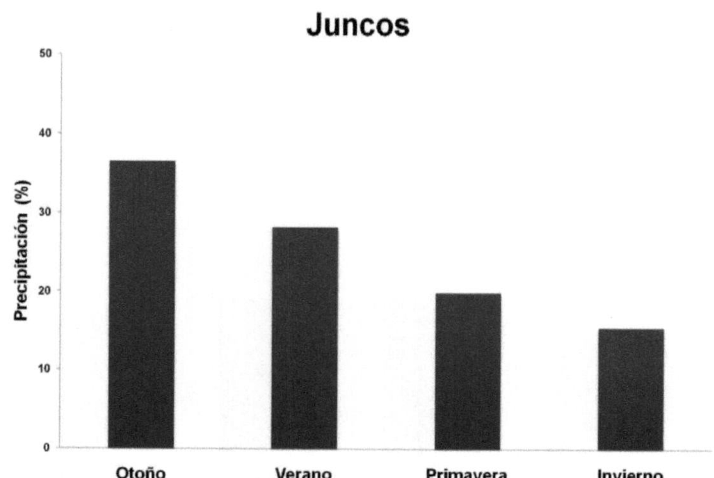

Gráfico 39. Régimen estacional de precipitación (%) de Juncos en el periodo 1961-2000.

Magueyes

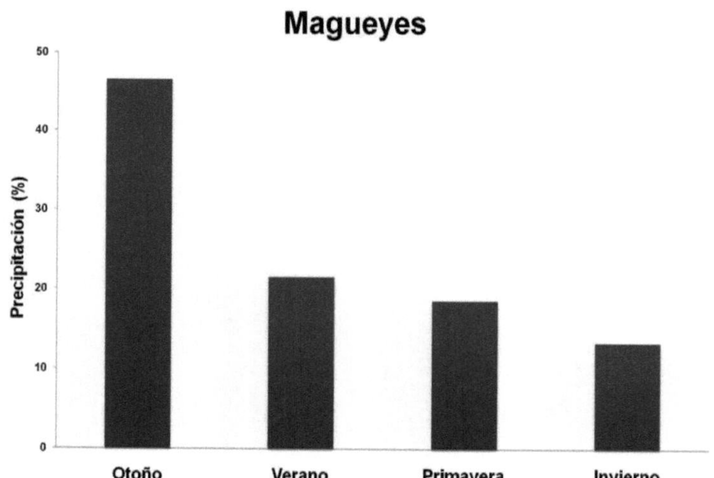

Gráfico 40. Régimen estacional de precipitación (%) de Magueyes en el periodo 1961-2000.

Manatí

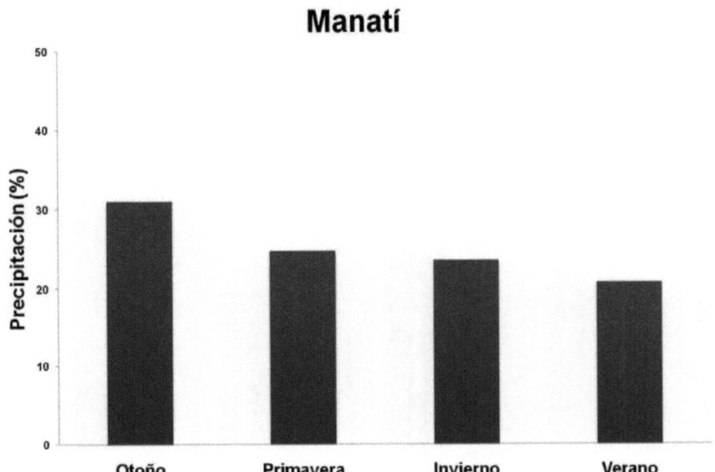

Gráfico 41. Régimen estacional de precipitación (%) de Manatí en el periodo 1961-2000.

Maunabo

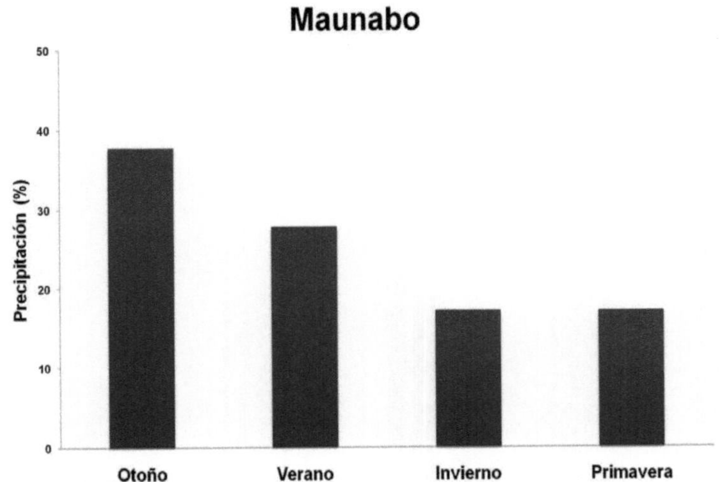

Gráfico 42. Régimen estacional de precipitación (%) de Maunabo en el periodo 1961-2000.

Mayagüez

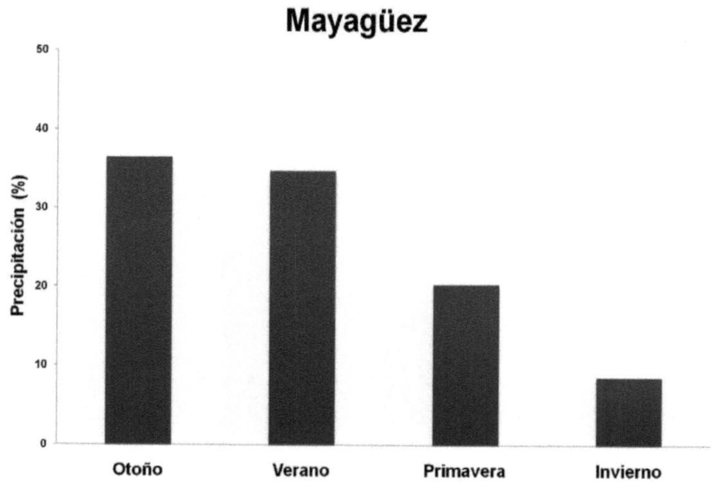

Gráfico 43. Régimen estacional de precipitación (%) de Mayagüez en el periodo 1961-2000.

Ponce

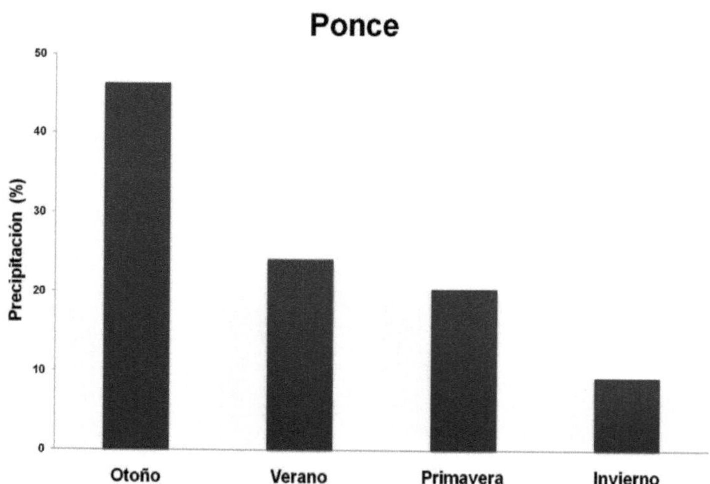

Gráfico 44. Régimen estacional de precipitación (%) de Ponce en el periodo 1961-2000.

Roosevelt Roads

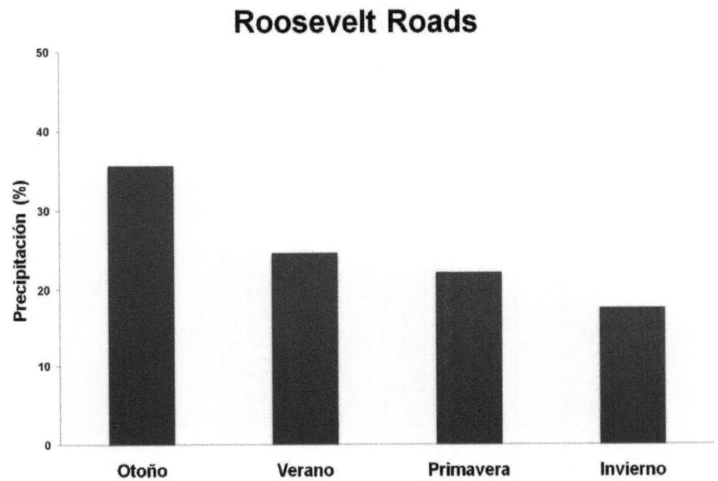

Gráfico 45. Régimen estacional de precipitación (%) de Roosevelt Roads en el periodo 1961-2000.

San Juan

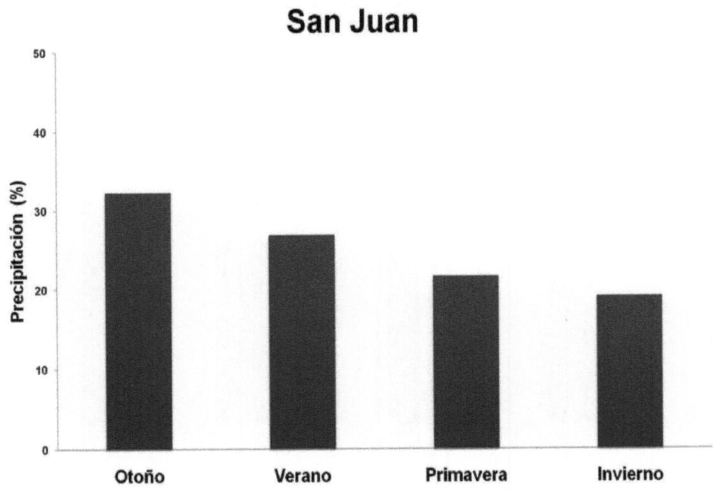

Gráfico 46. Régimen estacional de precipitación (%) de San Juan en el periodo 1961-2000.

Adjuntas

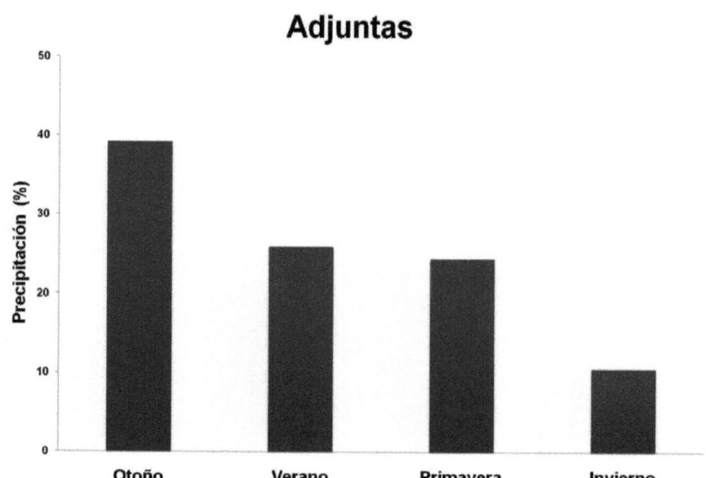

Gráfico 47. Régimen estacional de precipitación (%) de Adjuntas * en el periodo 1971-2000.

Pico del Este

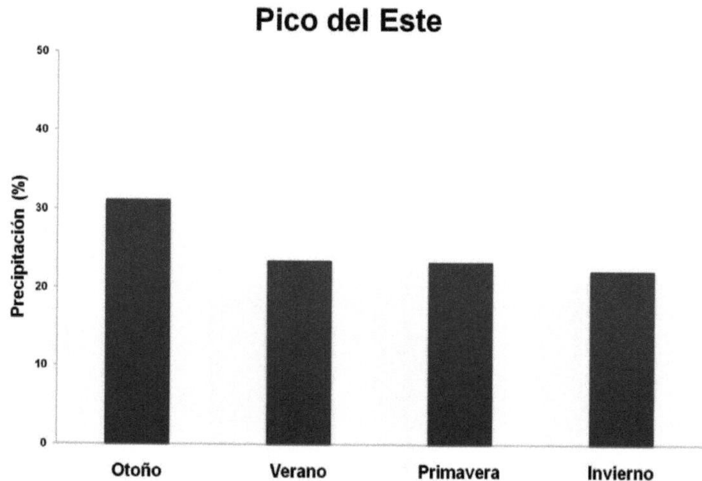

Gráfico 48. Régimen estacional de precipitación (%) de Pico del Este * en el periodo 1971-2000.

11.4 Gráficos de regímenes estacionales de días de precipitación (mm)

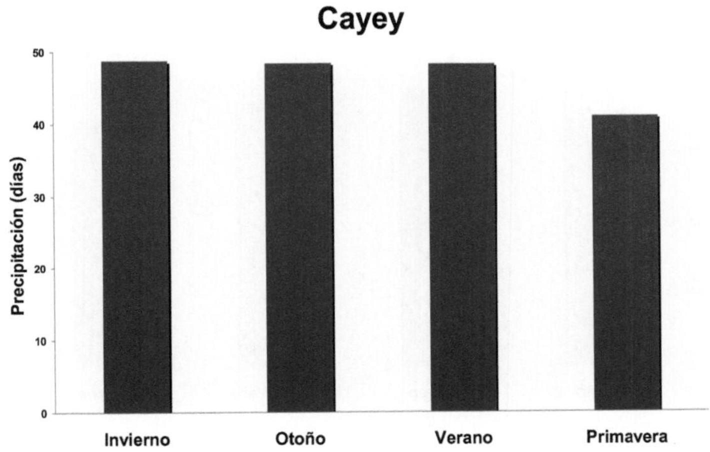

Gráfico 49. Régimen estacional de días de precipitación de Cayey en el periodo 1961-2000.

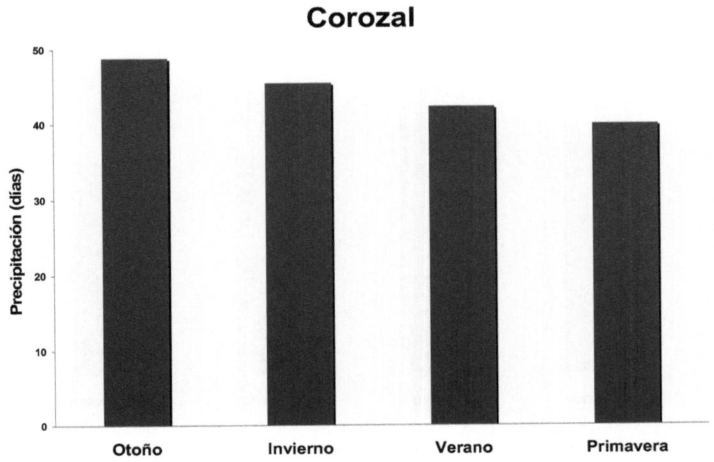

Gráfico 50. Régimen estacional de días de precipitación de Corozal en el periodo 1961-2000.

Dos Bocas

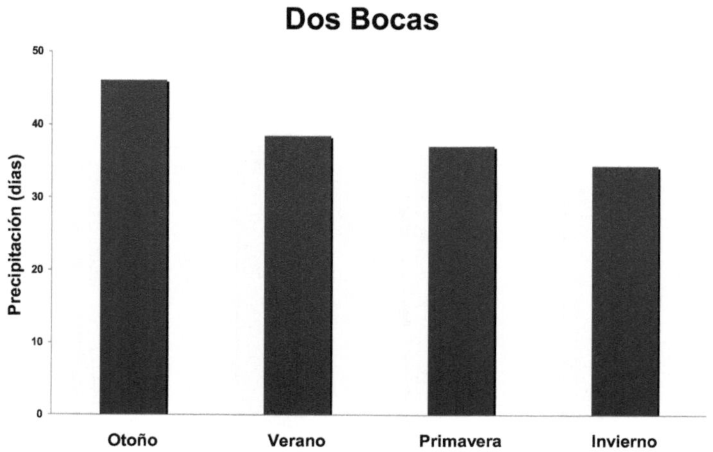

Gráfico 51. Régimen estacional de días de precipitación de Dos Bocas en el periodo 1961-2000.

Guayama

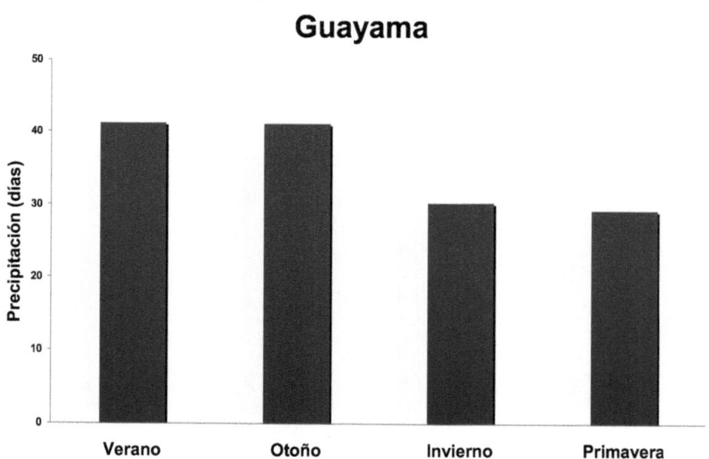

Gráfico 52. Régimen estacional de días de precipitación de Guayama en el periodo 1961-2000.

Gurabo

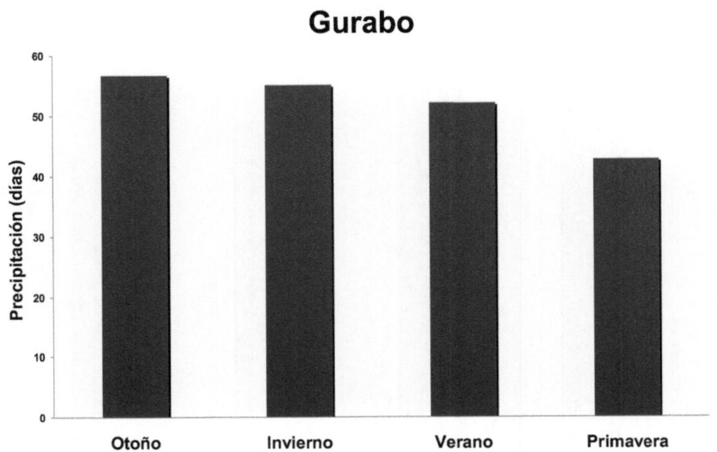

Gráfico 53. Régimen estacional de días de precipitación de Gurabo en el periodo 1961-2000.

Isabela

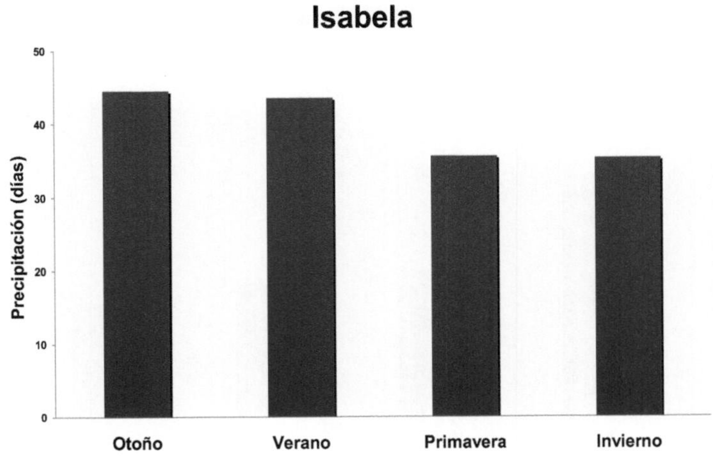

Gráfico 54. Régimen estacional de días de precipitación de Isabela en el periodo 1961-2000.

Juncos

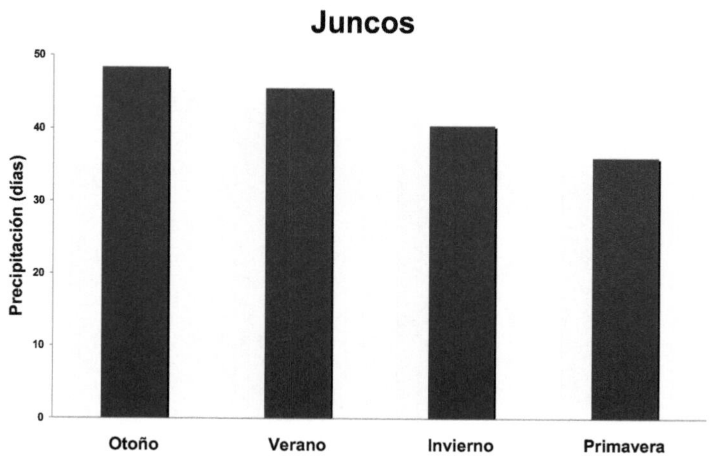

Gráfico 55. Régimen estacional de días de precipitación de Dos Bocas en el periodo 1961-2000.

Magueyes

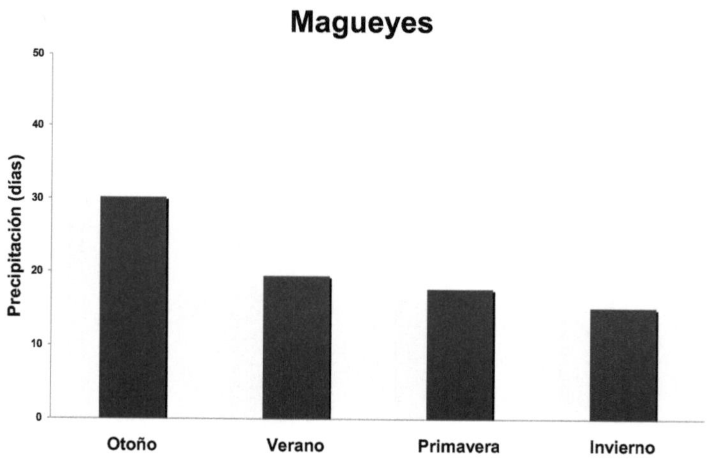

Gráfico 56. Régimen estacional de días de precipitación de Magueyes en el periodo 1961-2000.

Manatí

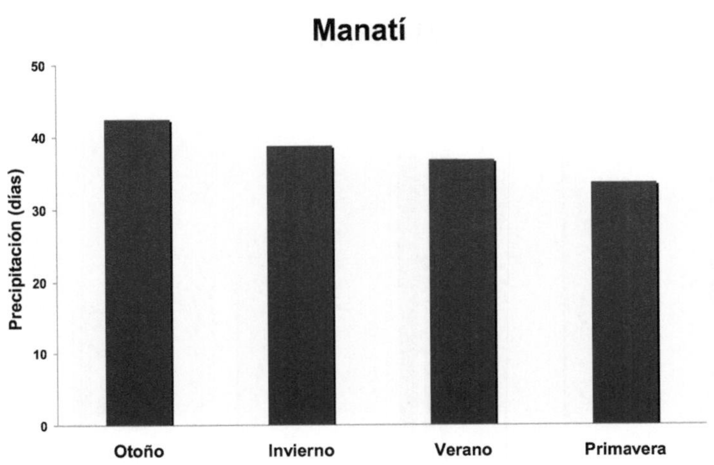

Gráfico 57. Régimen estacional de días de precipitación de Manatí en el periodo 1961-2000.

Maunabo

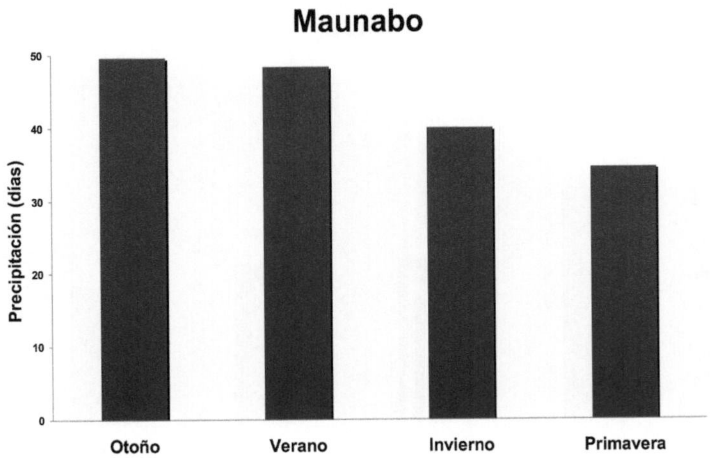

Gráfico 58. Régimen estacional de días de precipitación de Maunabo en el periodo 1961-2000.

Mayagüez

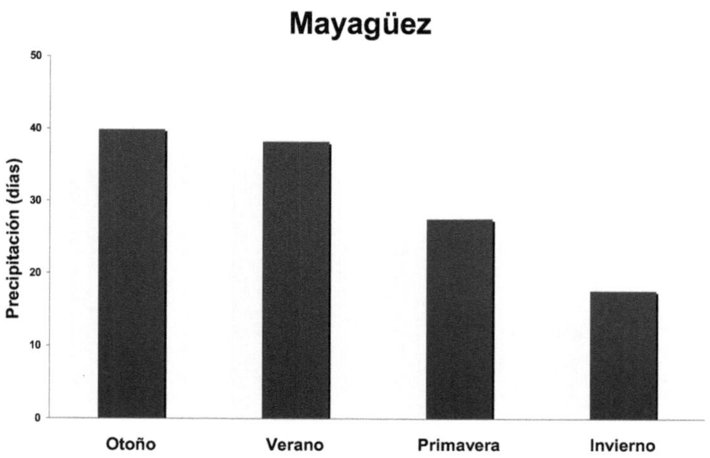

Gráfico 59. Régimen estacional de días de precipitación de Mayagüez en el periodo 1961-2000.

Ponce

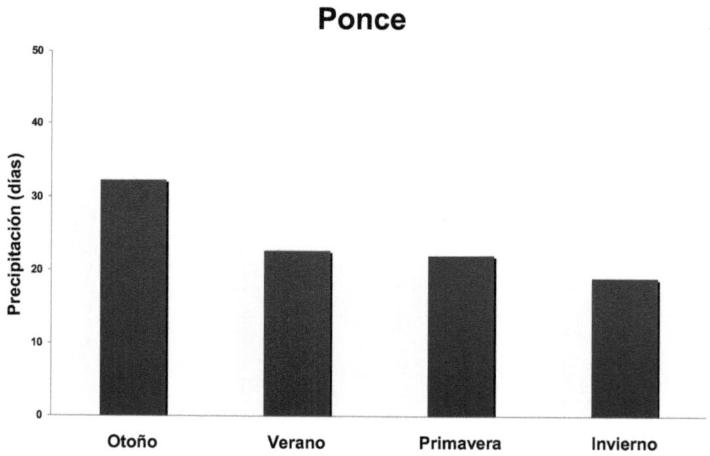

Gráfico 60. Régimen estacional de días de precipitación de Ponce en el periodo 1961-2000.

Roosevelt Roads

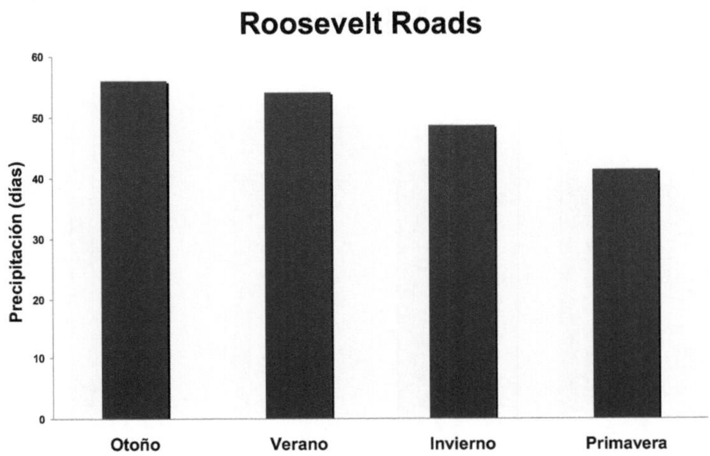

Gráfico 61. Régimen estacional de días de precipitación de Roosevelt Roads en el periodo 1961-2000.

San Juan

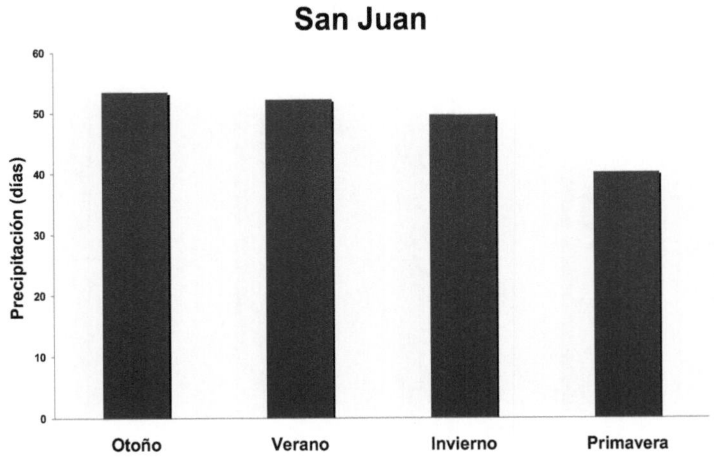

Gráfico 62. Régimen estacional de días de precipitación de San Juan en el periodo 1961-2000.

Adjuntas

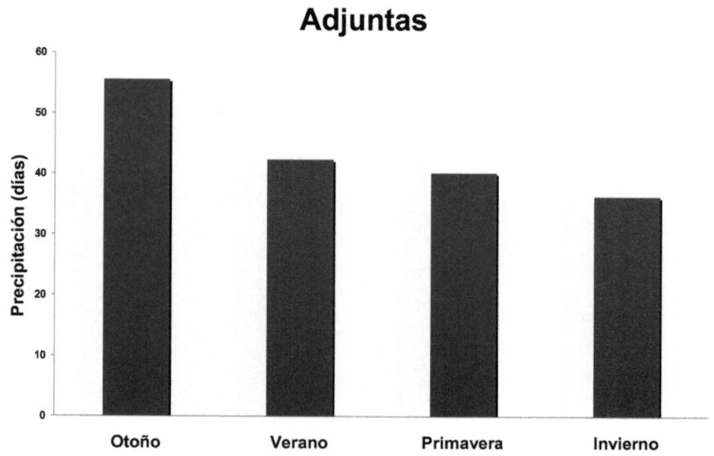

Gráfico 63. Régimen estacional de días de precipitación de Adjuntas * en el periodo 1971-2000.

Pico del Este

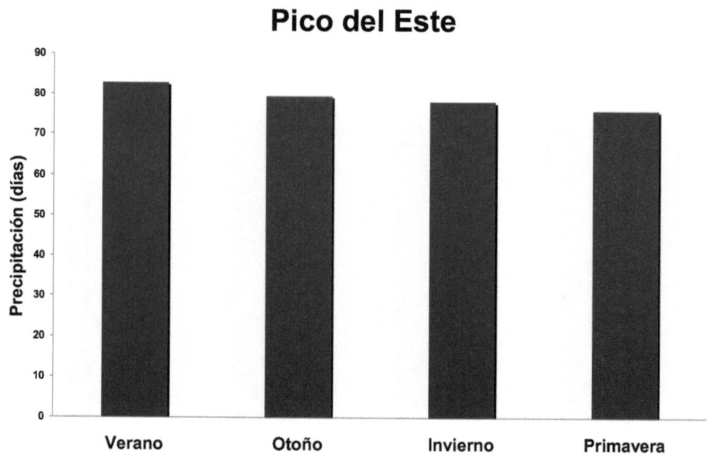

Gráfico 64. Régimen estacional de días de precipitación de Pico del Este * en el periodo 1971-2000.

11.5 Figuras de calendarios pluviométricos

Frecuencia relativa de días de precipitación (%)

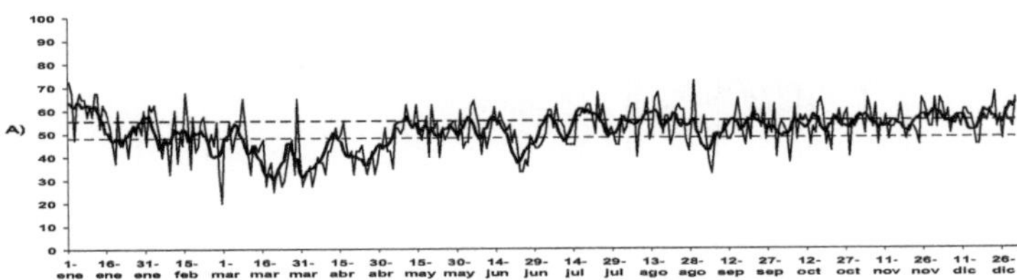

Cantidades medias diarias (mm)

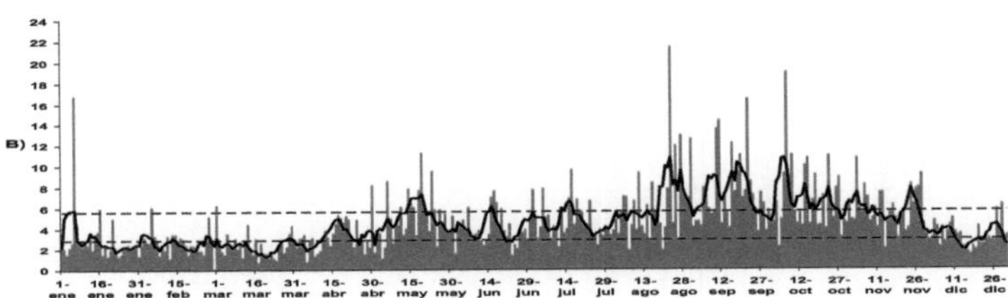

Cantidades medias por cinco días (mm)

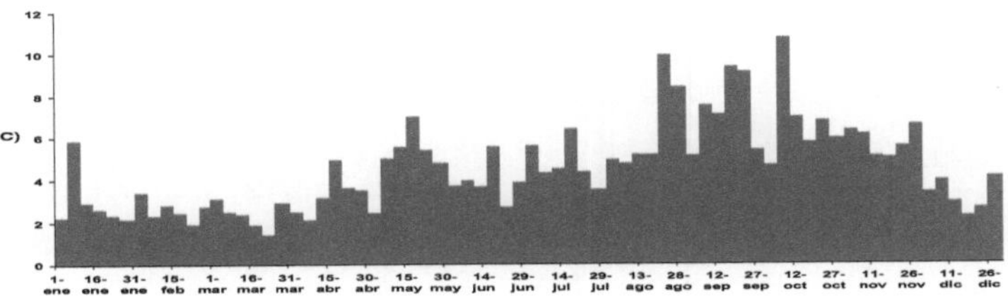

Cantidades medias por diez días (mm)

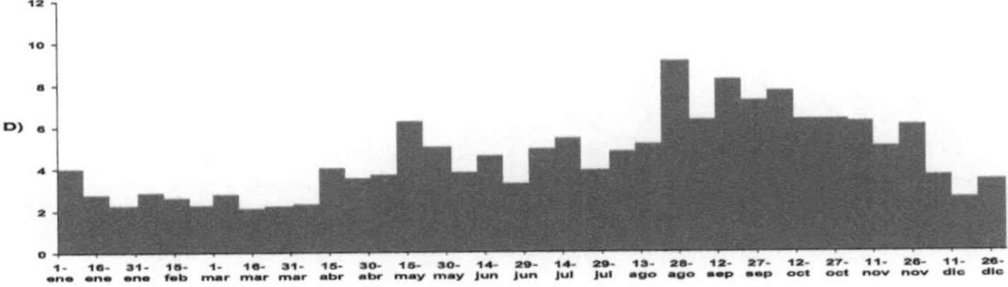

Figura 5. Calendario pluviométrico de Cayey en el periodo 1961-2000.

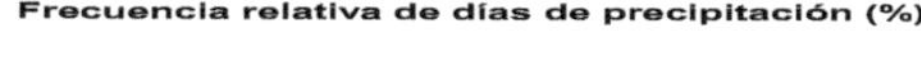

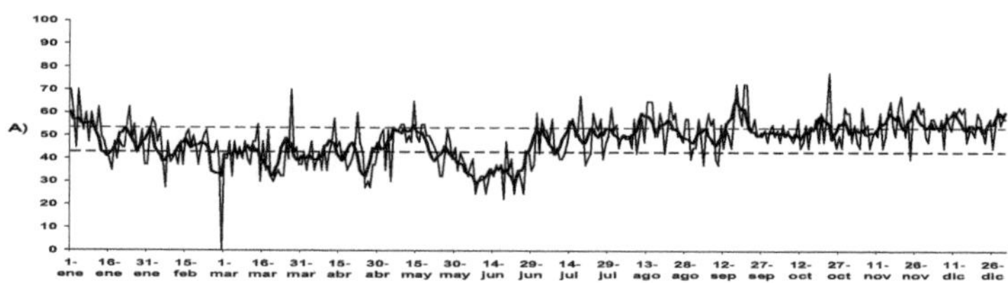

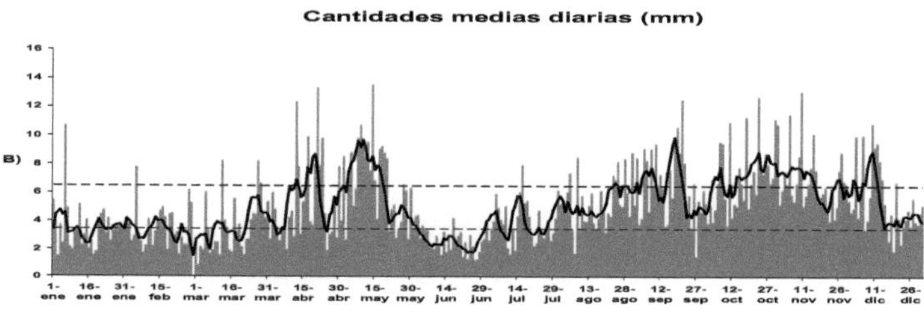

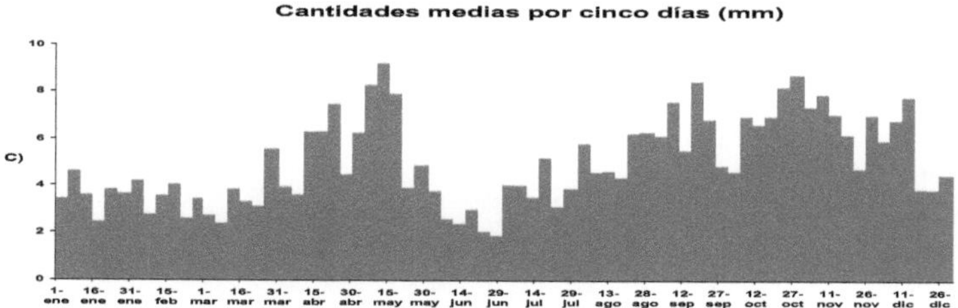

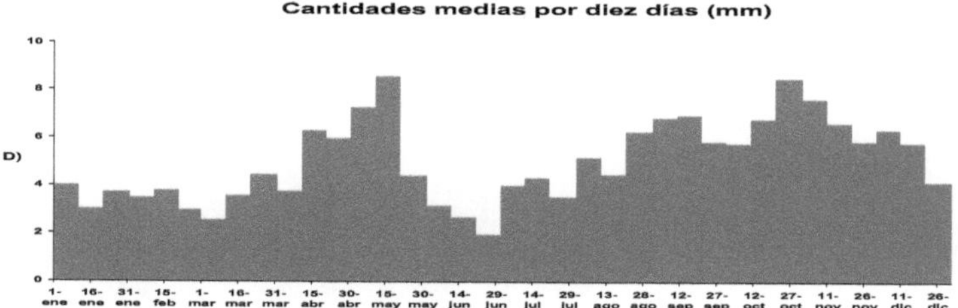

Figura 6. Calendario pluviométrico de Corozal en el periodo 1961-2000.

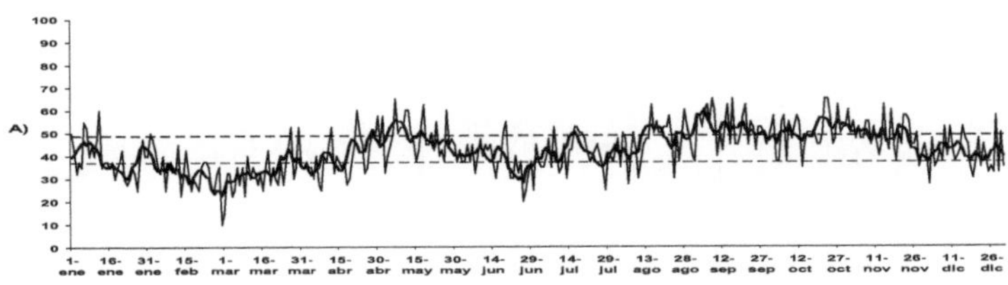

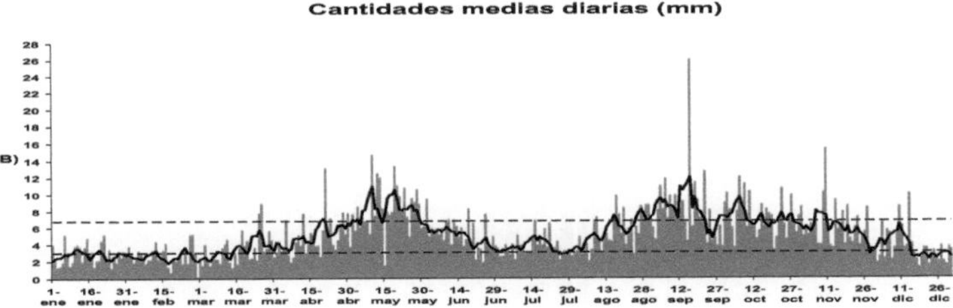

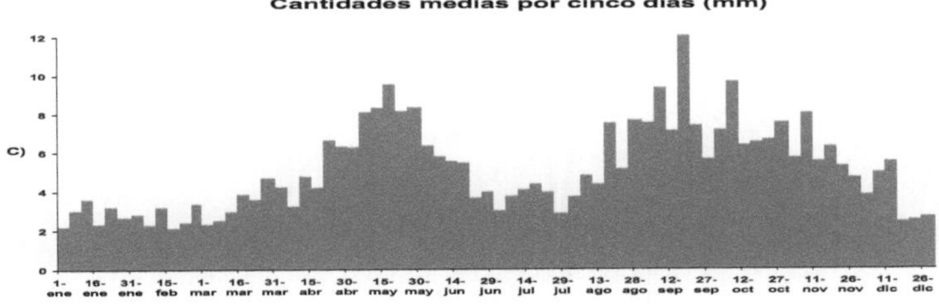

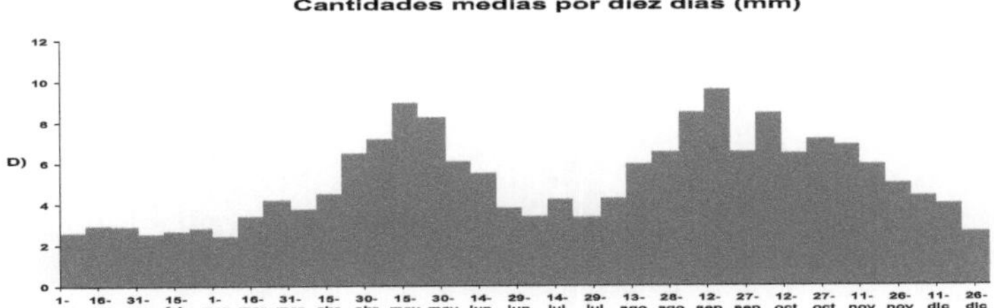

Figura 5. Calendario pluviométrico de Dos Bocas en el periodo 1961-2000.

227

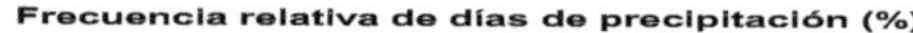

Frecuencia relativa de días de precipitación (%)

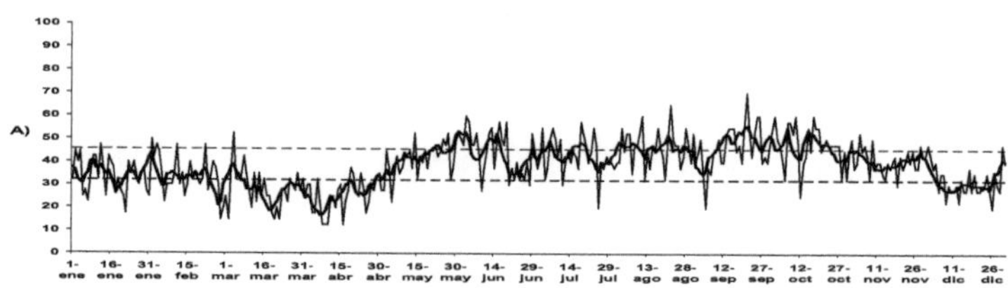

Cantidades medias diarias (mm)

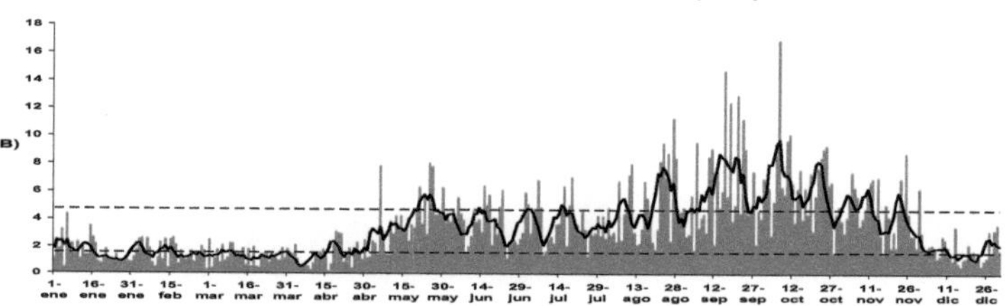

Cantidades medias por cinco días (mm)

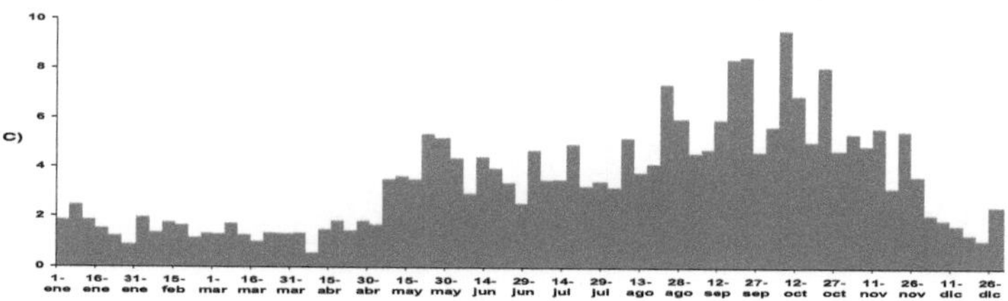

Cantidades medias por diez días (mm)

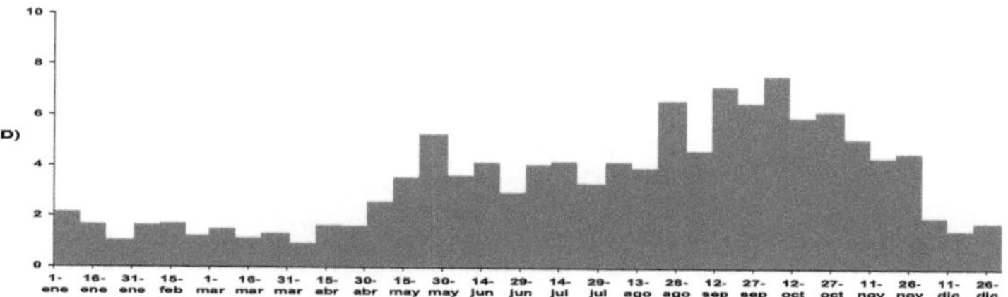

Figura 8. Calendario pluviométrico de Guayama en el periodo 1961-2000.

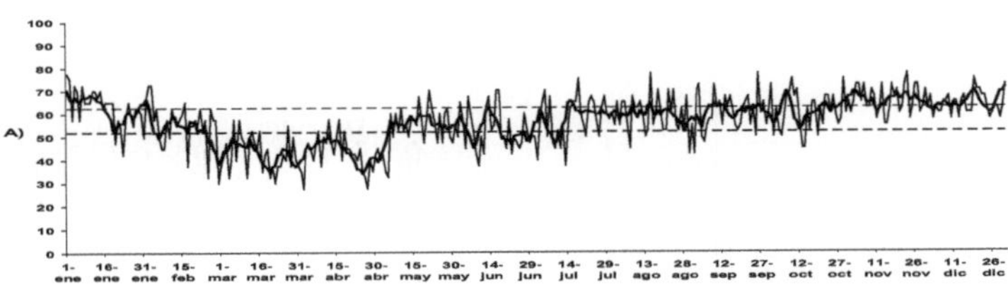

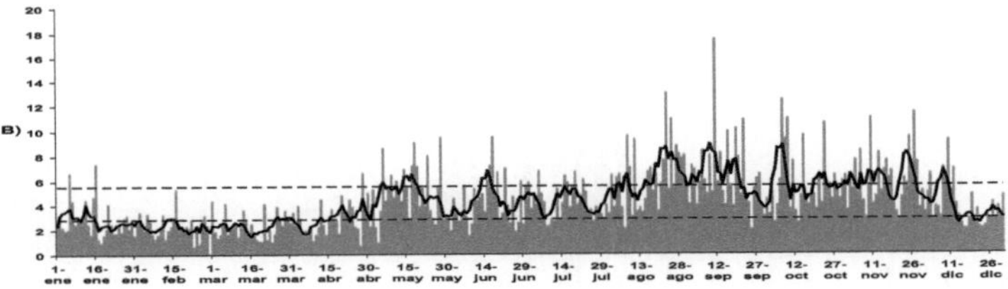

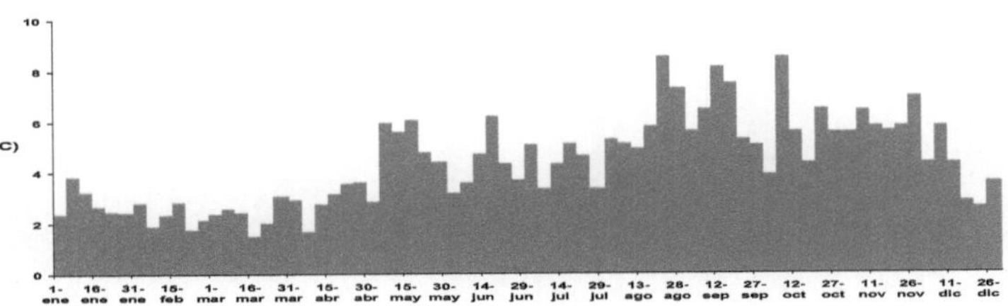

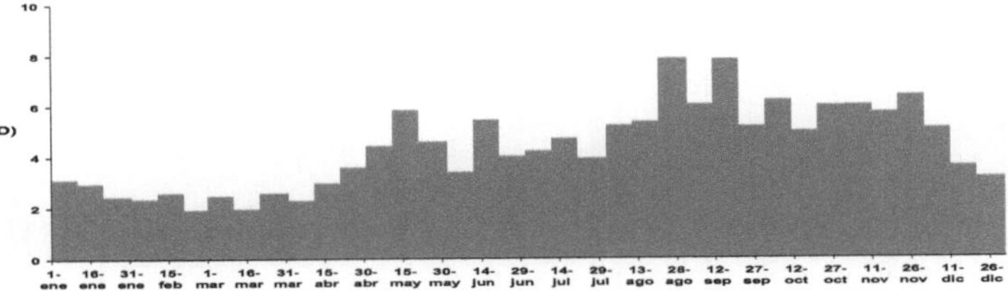

Figura 9. Calendario pluviométrico de Gurabo en el periodo 1961-2000.

229

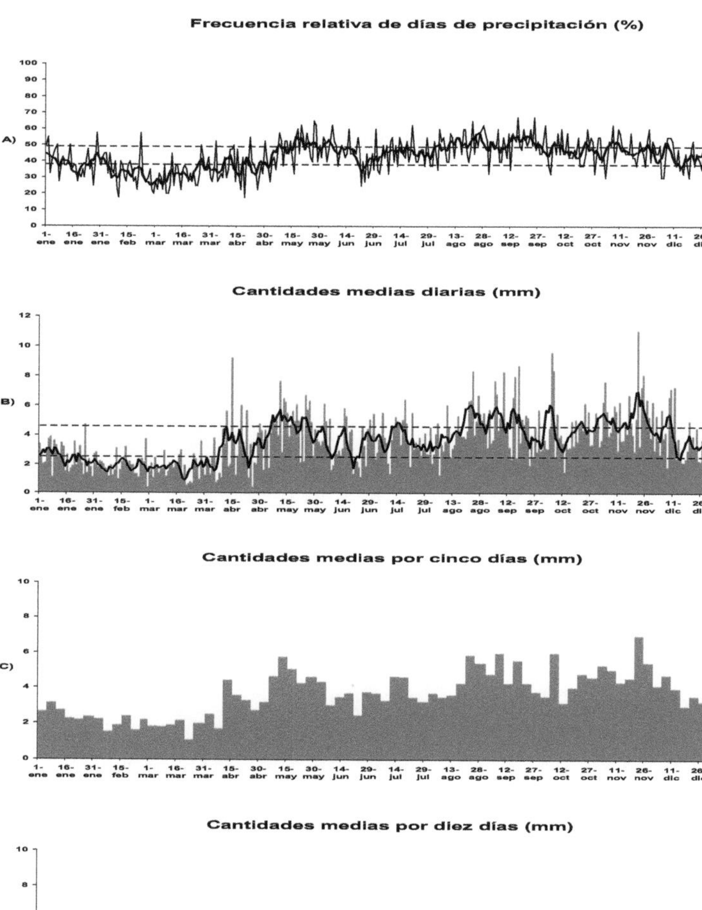

Figura 10. Calendario pluviométrico de Isabela en el periodo 1961-2000.

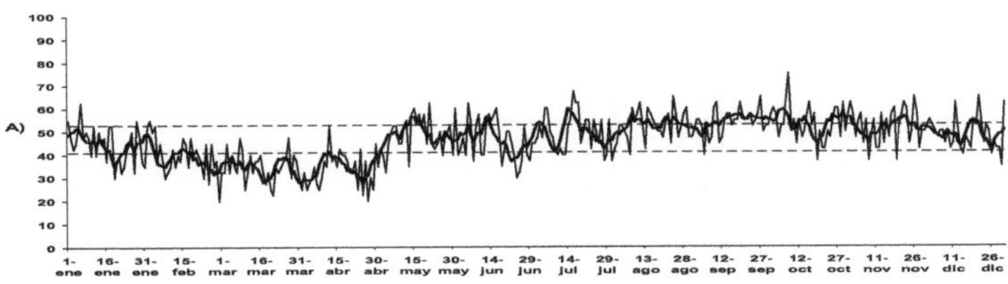

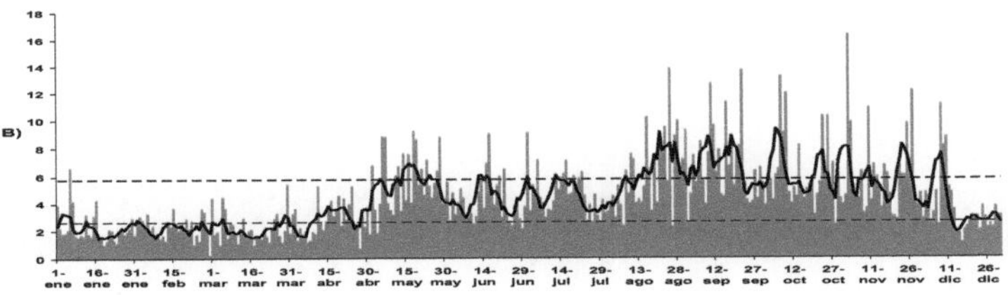

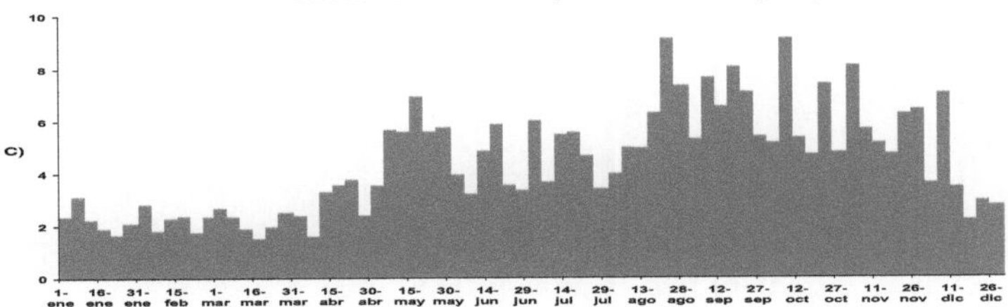

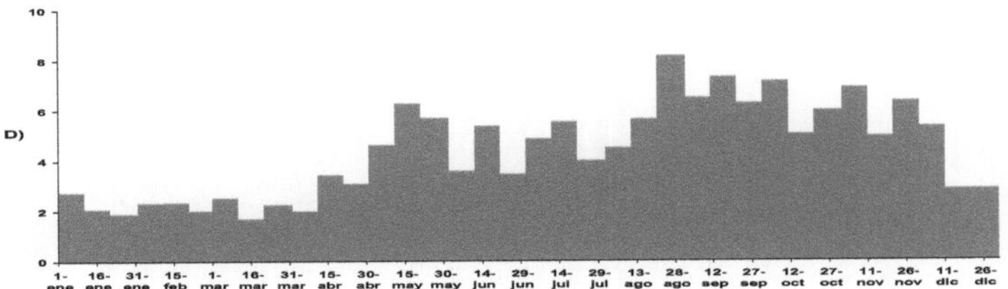

Figura 11. Calendario pluviométrico de Juncos en el periodo 1961-2000.

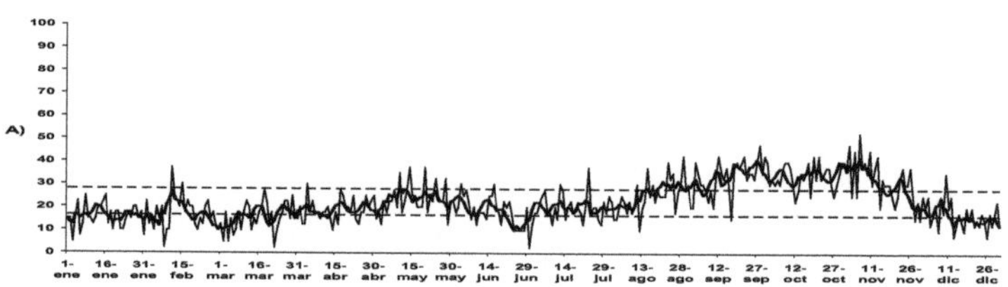

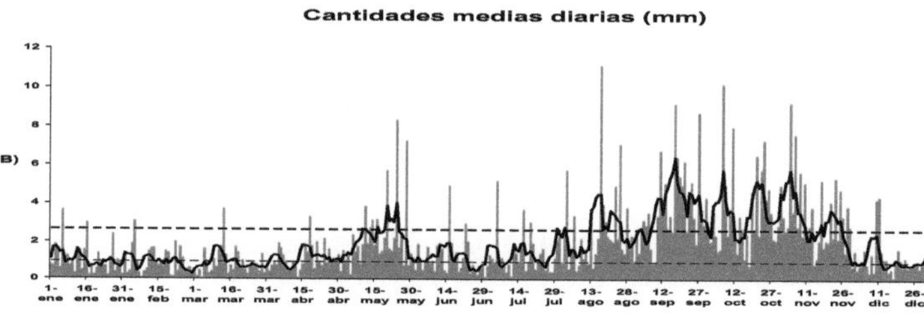

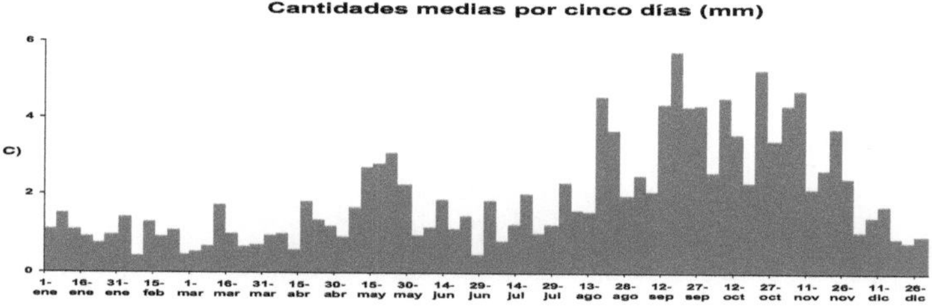

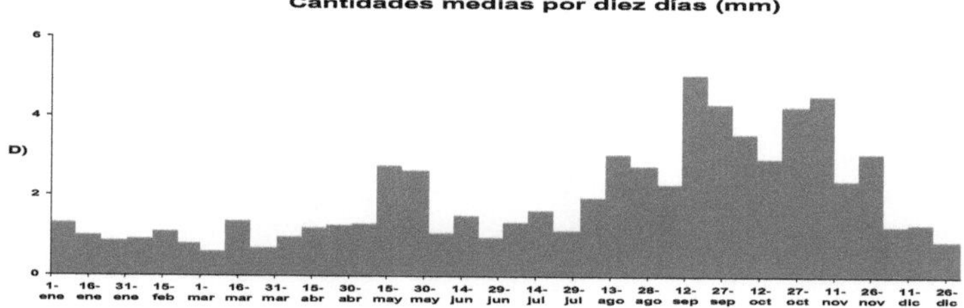

Figura 12. Calendario pluviométrico de Magueyes en el periodo 1961-2000.

232

Frecuencia relativa de días de precipitación (%)

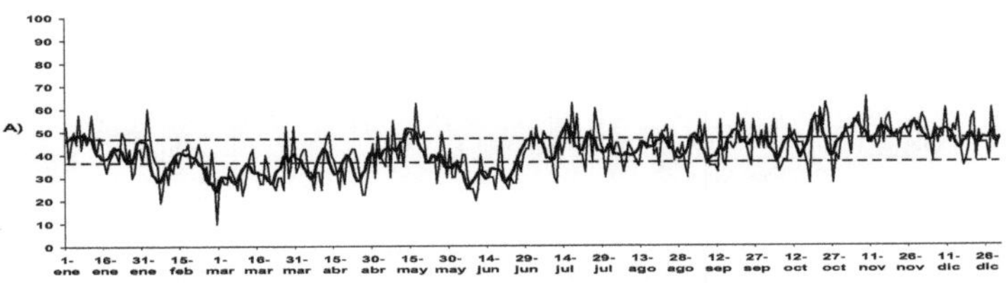

Cantidades medias diarias (mm)

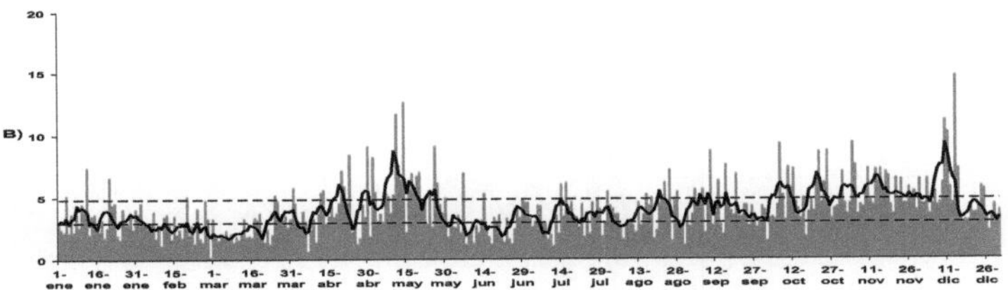

Cantidades medias por cinco días (mm)

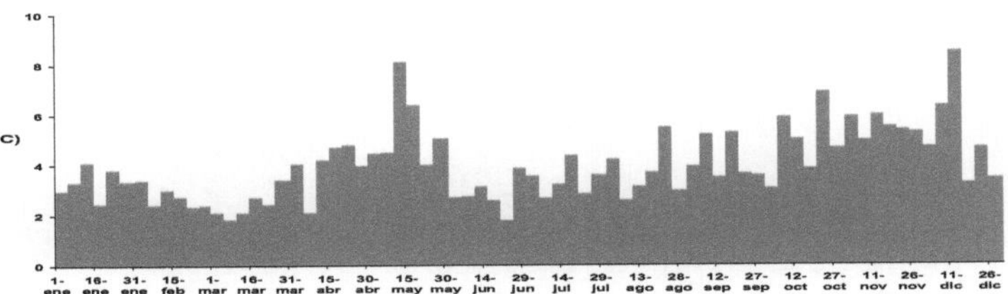

Cantidades medias por diez días (mm)

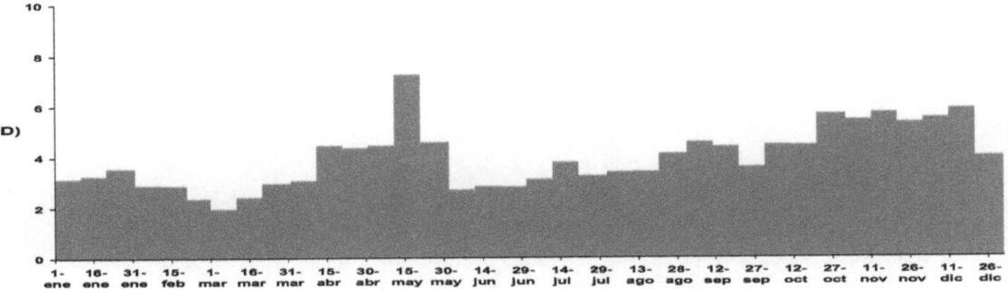

Figura 13. Calendario pluviométrico de Manatí en el periodo 1961-2000.

233

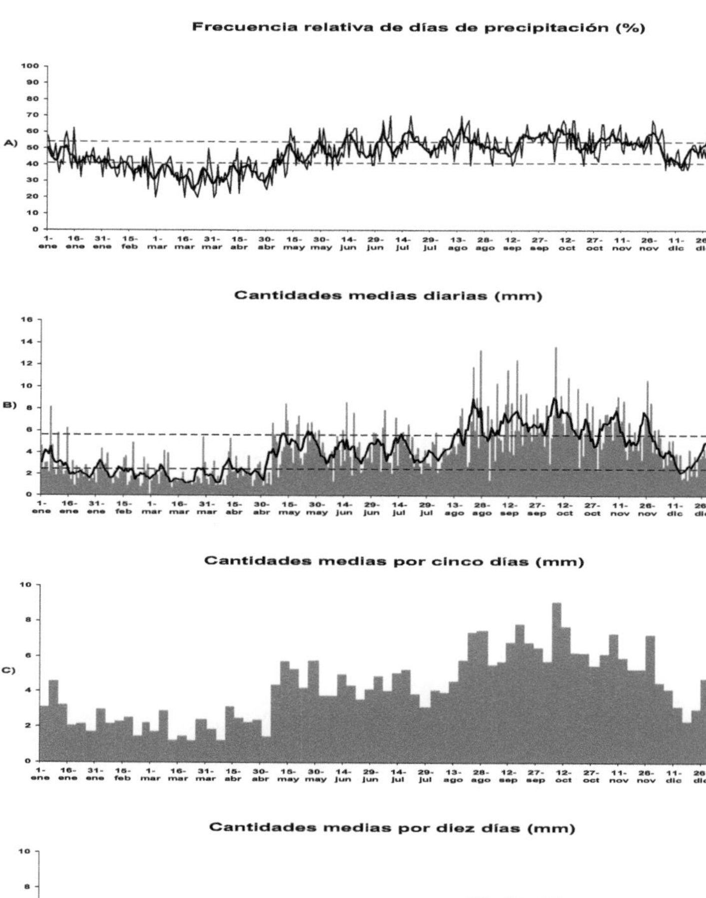

Figura 14. Calendario pluviométrico de Maunabo en el periodo 1961-2000.

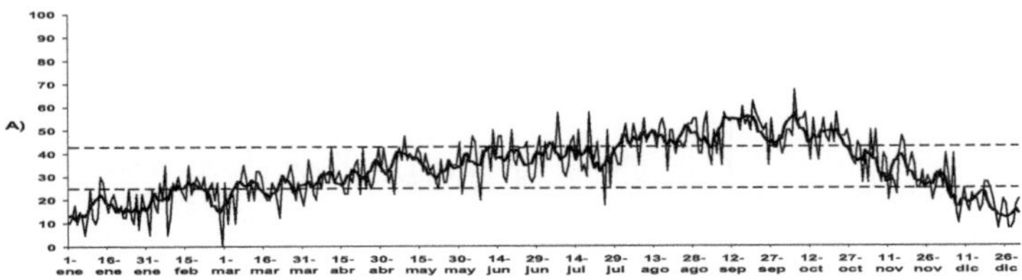

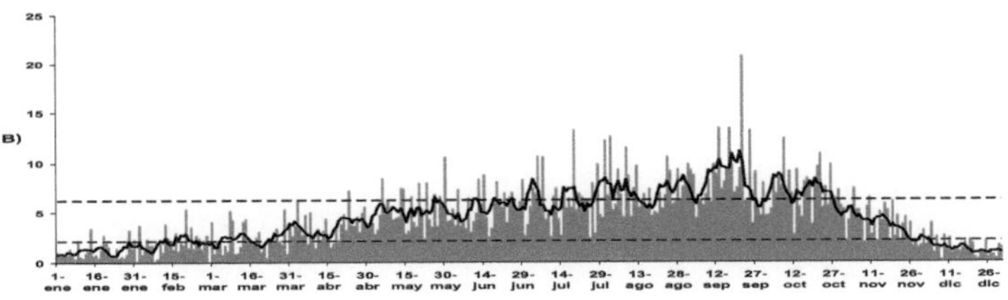

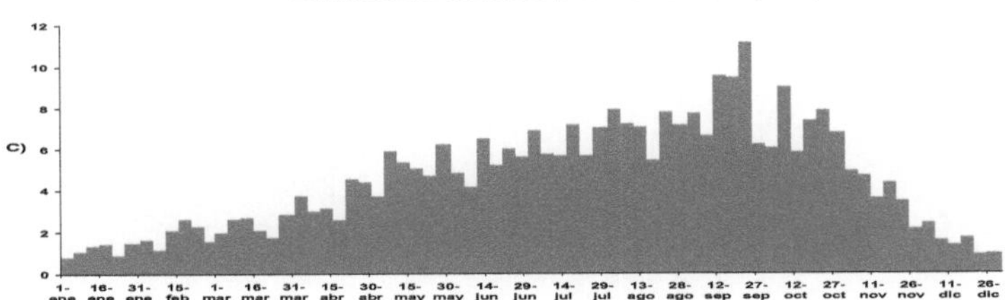

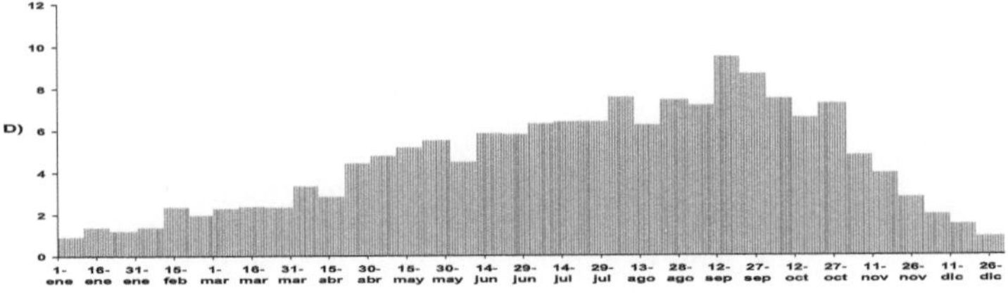

Figura 15. Calendario pluviométrico de Mayagüez en el periodo 1961-2000.

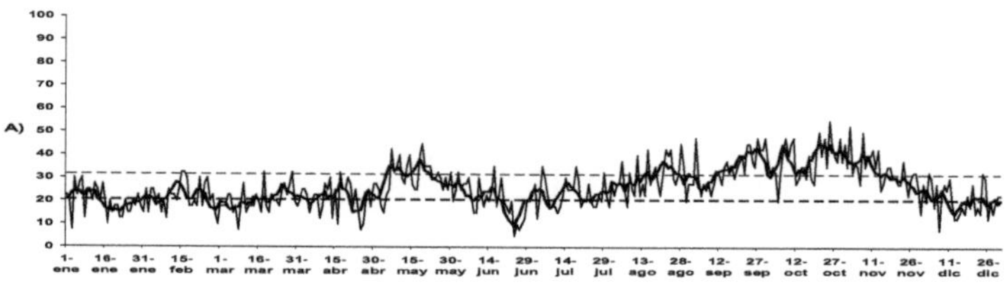

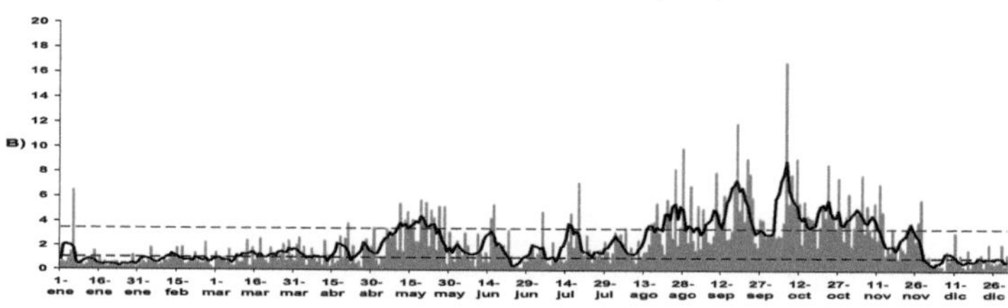

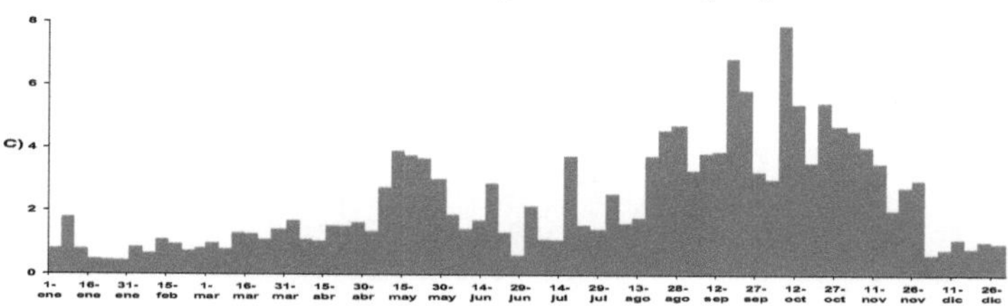

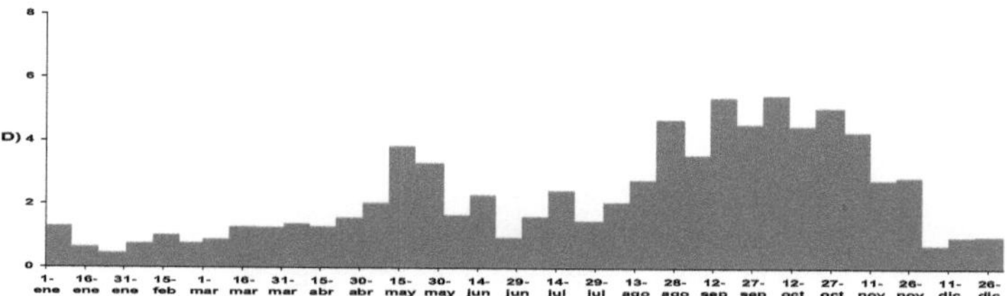

Figura 16. Calendario pluviométrico de Ponce en el periodo 1961-2000.

236

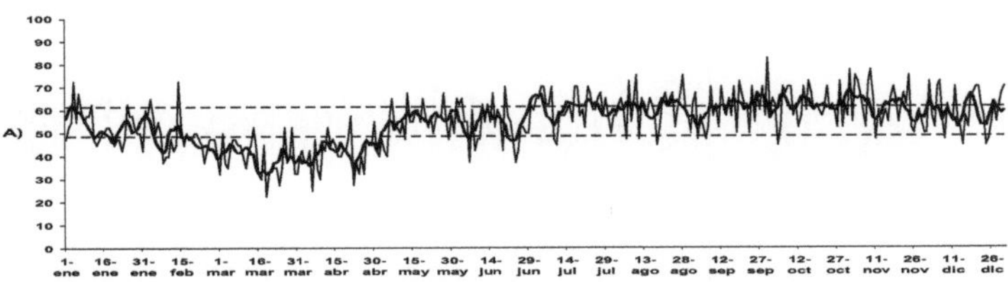

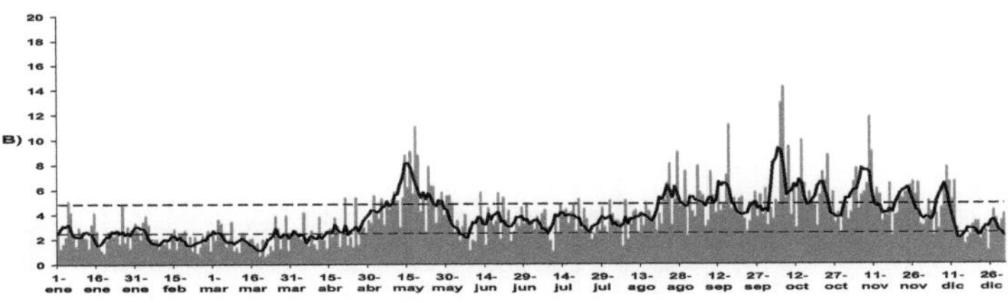

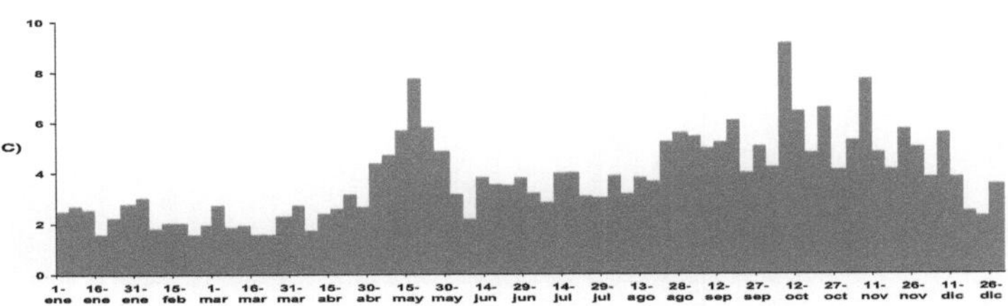

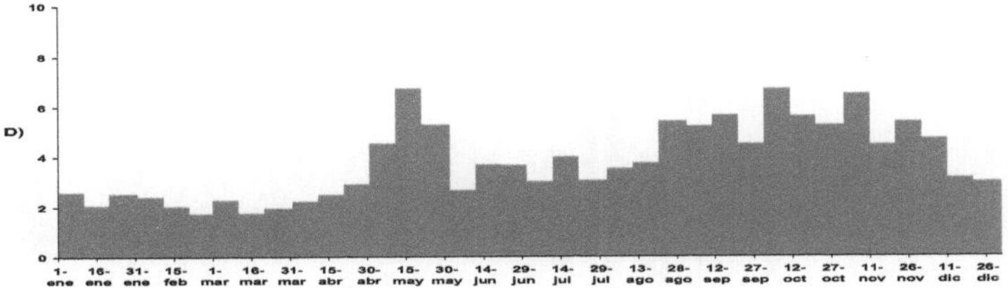

Figura 17. Calendario pluviométrico de Roosevelt Roads en el periodo 1961-2000.

237

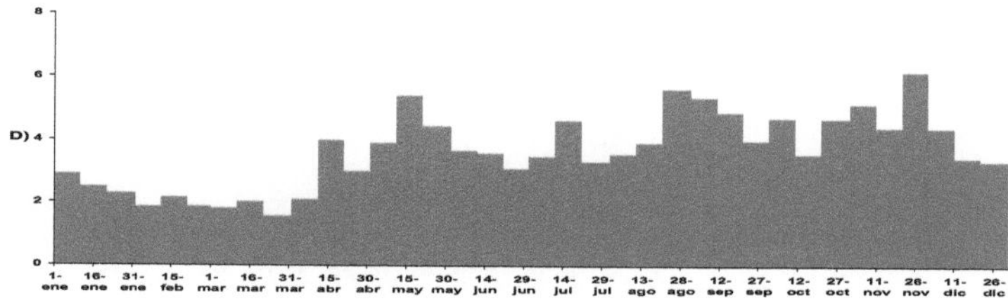

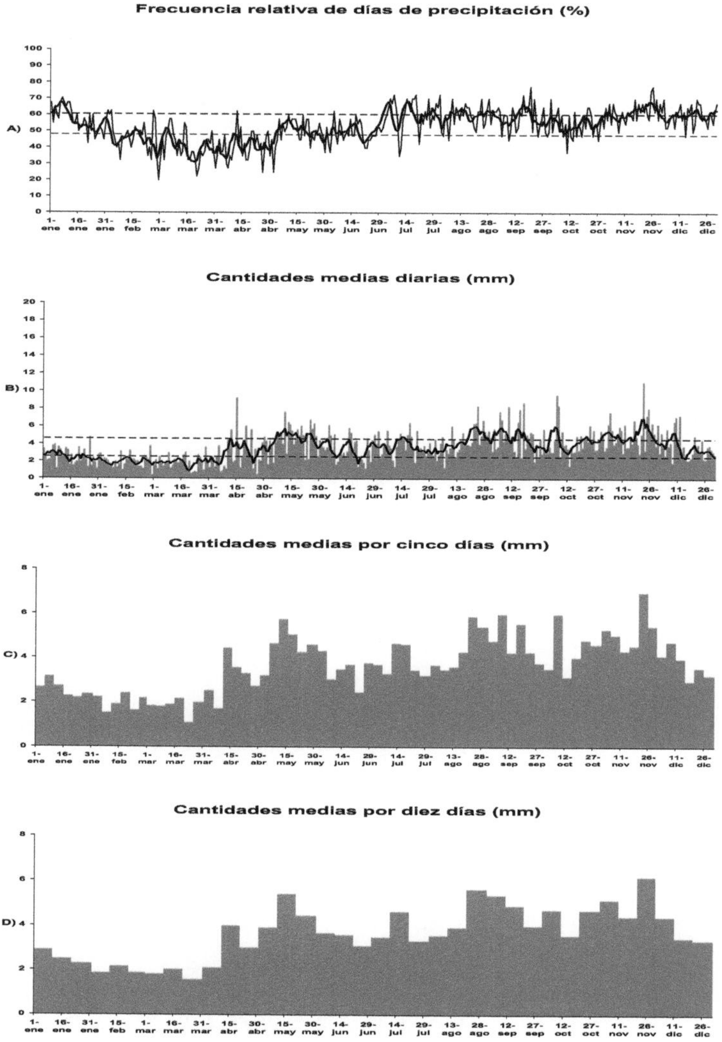

Figura 18. Calendario pluviométrico de San Juan en el periodo 1961-2000.

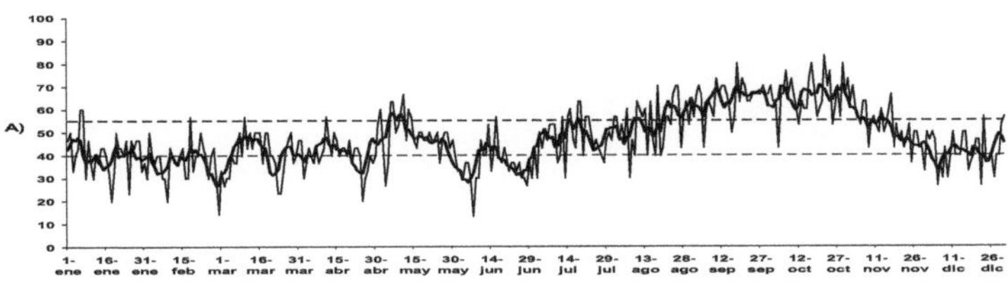

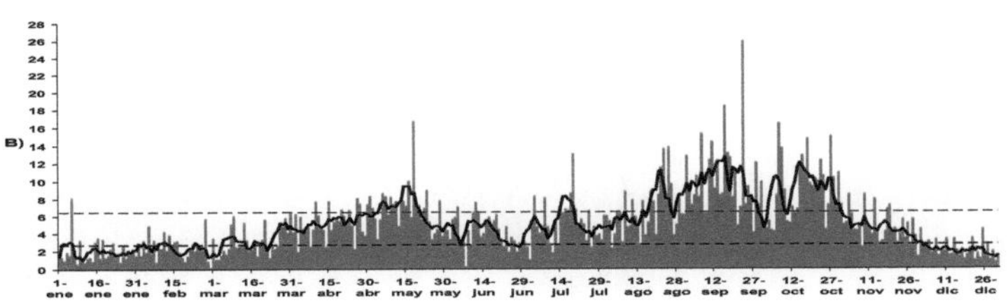

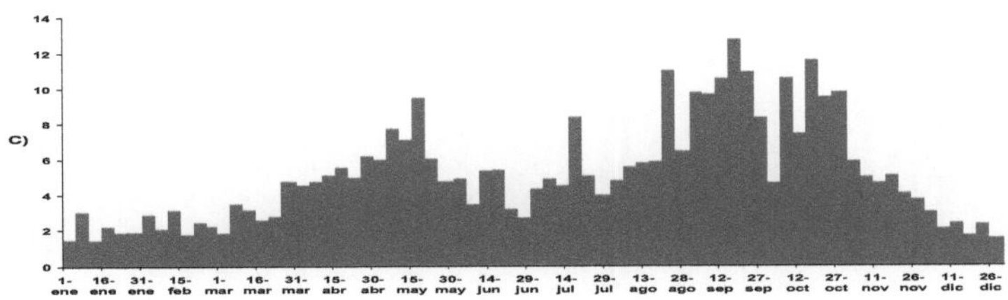

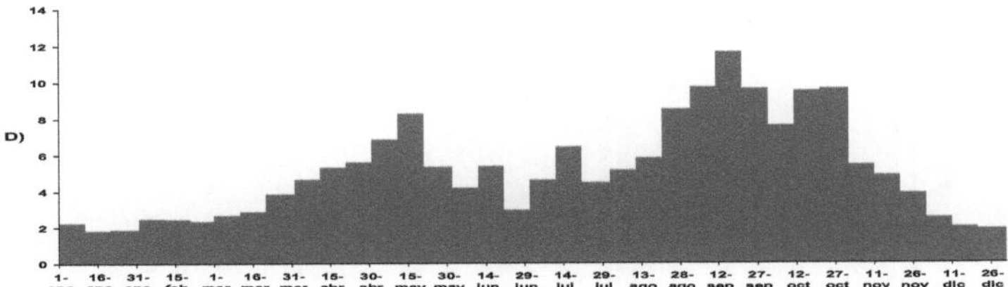

Figura 19. Calendario pluviométrico de Adjuntas * en el periodo 1961-2000.

239

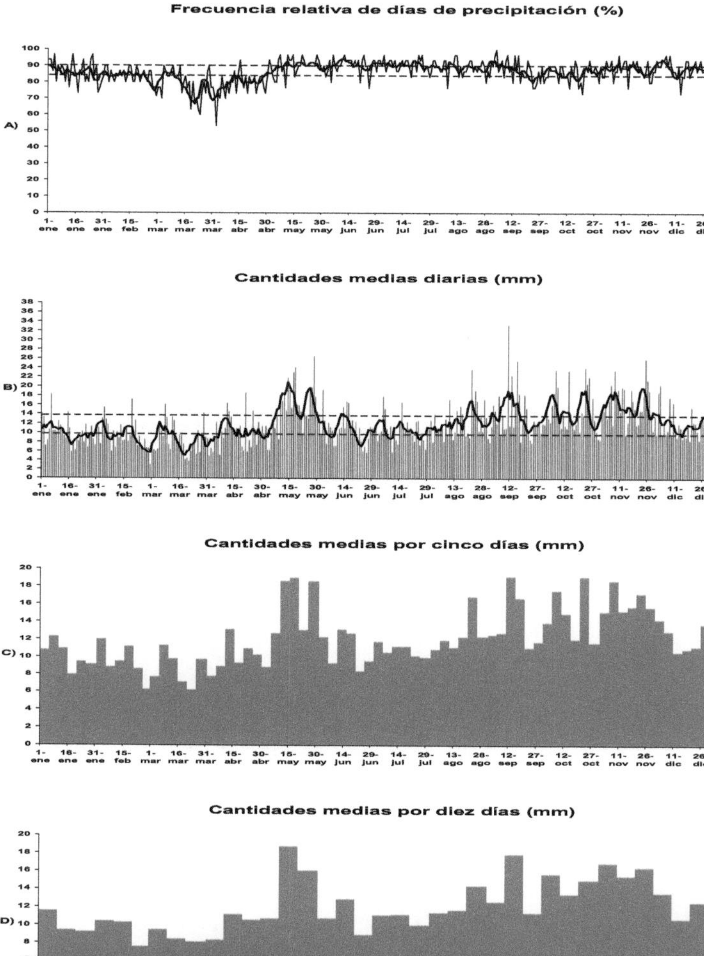

Figura 20. Calendario pluviométrico de Pico del Este * en el periodo 1961-2000.

12. Bibliografía

Begueria, S. & Lorente, B. 1999. Distribución espacial del riesgo de precipitaciones extremas en el Pirineo Aragones Occidental. *Geographicalia*, **37**: 1-15.

Bonnin, G. M., Todd, D., Lin, B., Parzybok, T., Yekta, M., & Riley, D., 2003. Rainfall-Frequency Atlas of the United States. NOAA Atlas 14, Volume **1**, NOAA, National Weather Service, Silver Spring, Maryland.

Bonnin, G.M., Todd, D., Lin, B., Parzybok, T., Yekta, M., & Riley, D. 2006, Rainfall-Frequency Atlas of the United States. NOAA Atlas 14, Volume **3**, Version 4.0: Puerto Rico and the U.S. Virgin Islands, NOAA, National Weather Service, Silver Spring, Maryland.

Brooks, C. & Carruthers, N. 1953. Handbook of Statistical Methods in Meteorology. Meteorological Office: London.

Buytaert, W., Celleri, R., Willems, P., Bievre, D.B. & Wyseure, G. 2006. Spatial and temporal rainfall variability in mountainous areas: A case study from the south Ecuadorian Andes, *J. Hydrol*, **329**, 413–421.

Carter, M. & Elsner, J.B. 1996. Convective rainfall regions of Puerto Rico. *International Journal of Climatology*, **16**: 1033-1043

Carter, M., Elsner, J.B. & Bennett, S.P. 2000. A quantitative precipitation forecast experiment for Puerto Rico. *Journal of Hydrology*, **239**: 162–178

Caskey, J.E. 1963. A Markov chain model for the probability of precipitation occurrence in intervals of various length. *Monthly Weather Review*, **101**: 198-301.

Chervin, R.M. & Schneider, S.H. 1976. On Determination the Statistical Significance of Climate Experiments with General Circulation Models. *Journal of the Atmospheric Sciences*, **33**: 405-412.

Chow, V.T., Maidment, D.R. & Mays, L.W. 1993. *Hidrología Aplicada.* McGraw-Hill, 580 pp.

Colón, J. 2009. Climatología de Puerto Rico. La editorial Universidad de Puerto Rico 205pp

Cruz-Báez, A. D. 1997. La Precipitación en Puerto Rico. La editorial Universidad de Puerto Rico 12pp.

Daly, C., Helmer, E.H. & Quiñones, M. 2003. Mapping the climate of Puerto Rico, Vieques and Culebra. *Int. J. Climatol.*, **23**: 1359-1381

De Luis, M., González-Hidalgo, JC., Raventos, J. Sanchez, J.R., & Cortina, J. 1997. Distribución espacial de la concentración y agresividad de la lluvia en el territorio de la Comunidad Valenciana. Cuaternario y Geomorfología 11(3-4): 33-44.

Eriksson, B. 1965. A climatological study of persistency and probability of precipitation in Sweden. *Tellus*, 4: 484-497.

Fernández, B. & Salas, J., 1995. Periodo de retorno de eventos hidrológicos. Instituto de Ingenieros de Chile, 23-30pp.

Gabriel, K.R. & Newmann, J. 1962. A Markov chain model for rainfalloccurrence. *Quart. J. Roy. Meteorol. Soc.*, **88**: 90-95.

García, A.E. 2003. Distribución de la precipitación en la República de Mexicana. Investigaciones geográficas, Boletín, N. 50, Instituto de Geografía, UNAM, Mexico 67-76pp.

Garrido, A.R. 1992. Limitaciones de la Distribución de Gumbel en la valoración del riesgo de lluvias fuertes: caso de un observatorio del litoral Mediterráneo. Valencia, España 30pp.

Gibbons, J.D. 1977. *Non Parametric Methods for Quantitative Analysis*. U.S.A. American Sciences Press, Inc.

Clarke, R.T. 2002. Fitting and testing the significance of linear trends in Gumbel distributed data. *Fitting and testing Hydrology and Earth System Sciences*, **6** (1): 17-24.

Gujatati, N.G. 2006. *Principio de Econometría*. España, McGraw-Hill/Interamericana de España.

Gumbel, E.J. 1958. *Statistics of extremes*. Columbia University Press, New York. 375pp

Isaaks, E.H. & Srivastava, R.M. 1989. An Introduction to Applied Geostatistics. Oxford university press, Nueva York. p. 561

IPCC, 2007: Climate Change 2007: The Physical Science Basis. Contribution of Working Group I to the Fourth Assessment Report of the Intergovernmental Panel on Climate Change [Solomon, S., D. Qin, M. Manning, Z. Chen, M. Marquis, K.B. Averyt, M.Tignor and H.L. Miller (eds.)]. Cambridge University Press, Cambridge, United Kingdom and New York, NY, USA.

Jolliffe, I.T. & Hope, P.B. 1996. Representation of daily rainfall distributions using normalized rainfall curves. *International Journal of Climatology*, **16**: 1157-1163.

Kulathinal, S.B. & Gasbarra, D. 2002. Testing equality of cause-specific hazard rates corresponding to m competing risks among K groups. *Lifetime Data Analysis*, **8**: 147-161.

Kunkel, K.E., Andsager, K. & Easterling, D.R. 1999. Long-term trends in extreme precipitation events over conterminous United States and Canada. *Journal of Climate*, **12**: 2515-2527.

Kottek, M., Grieser, J., Beck, C., Rudolf, B., & Rubel, F. 2006. World Map of the Köppen –Geiger climate classification updated. Meteorologische Zeitschrift 15 (3): 259-263.

Landsberg, H.E. 1974. Aplicaciones espaciales de la Meteorología y Climatología, Boletín OMM, XXIII, 1, p 29-32, Ginebra.

Ly, S. Charles, C. & Degre, A. 2011. Geostatistical interpolation of daily rainfall at catchment scale: the use of several variogram models in the Ourthe and Ambleve catchments, Belgium. Hydrol. *Earth Syst. Sci.*, **15**, 2259-2274

Malmgren, B., & Winter, A. 1999. Climate Zonification in Puerto Rico Base on Principal Componets Análisis anda n Artificial Neural Network. *American Meteorology Society*, **12**: 977-985.

Martin-Vide, J. 1987. Característiques climatològiques de la precipitació en la franja costera mediterrània de la Península Ibèrica. Barcelona, Institut Cartografic de Catalunya. p. 245

Martin-Vide, J. 2002. *El temps i el clima*. Barcelona, Departament de Medi Ambient i Rubes, 127 pp.

Martín-Vide, J. 2004. Spatial distribution of a daily precipitation concentration index in peninsular Spain. *International Journal of Climatology*, **24**: 959-971.

Matheron, G. 1971. The Theory of Regionalised Variables and its Applications: Les Cahiers du Centre de Morphologie Mathematique de Fontainebleau N_5, The Ecole Nationale Superieure des Mines de Paris, Paris, France.

Newnham, E.V. 1916. The persistence of wet and dry weather. *Quart. J. Roy. Meteorol. Soc.*, **42**: 153-162.

Norcliffe, G.B. 1977. Inferential Statistics for Geographers. An Introduction, Londres, Hutchinson.

Olascoaga, M.J. 1950. Some aspects of Argentine rainfall. *Tellus* **2**(4): 312.

Oliver, M.A., & Webster, R. 1990. Kriging: a method of interpolation for geographical information systems. *International Journal of Geographic Information Systems*, 4(3): 313-332.

Pedhazur, E. J. (1997). *Multiple regression in behavioral research* (3rd Ed.). Fort Worth, TX: Harcourt Brace.

Qiang, Z., Chong-yu, X., Marco, G., Yongqin, D.C., & Chunling, L. 2009. Changing properties of precipitation concentration in the Pearl River basin, China. *Stoch Environ Res Risk Assess*, **23**: 377-385.

Riehl, H. & Schacht, E. 1947. Some aspects of Puerto Rican rainfall. *EOS Transactions-American Geophysical Union*, **28**: 401-406.

Riehl, H. 1949. Some aspects of Hawaiian rainfall. Bulletin of the American Meteorological Society **3**(5): 176.

Riehl, H. 1954. *Tropical Meteorology*. McGraw-Hill, New York.

Royle, A.G., Clausen, F.L., & Frederiksen, P. 1981. Practical universal kriging and automatic contouring. *Geo-Processing*, **1**: 377-394

Seager, R., R. Murtugudde, N., Naik, A., Clement, N., Gordon, & Miller, J. 2003. Air-sea interaction and seasonal cycle of the subtropical anticyclones. *J. Climate* **16**, 1948–1966.

Scholz, G., Quinton, J.N., Strauss, P. 2008. Soil erosion from sugar beet in Central Europe in response to climate change induced seasonal precipitation variations. *Catena* **72**: 91–105

Stedinger, J.R., Vogel, R.M. & Foufoula-Georgiu, E. 1993. Frequency analysis of extreme events. Handbook of hydrology, D. R. Maindment, ed., McGraw-Hill Book Co., Inc., New York, N.Y.

Soler Temprano, X. & Martín-Vide, J. 2002. Los calendarios climáticos. Una propuesta metodológica. El agua y el Clima (Guijarro JA et al., Eds.) Asociación Española de Climatología, A-3: 577-585.

Sun, X., Manton, M.J. & Ebert, E.E. 2003. Regional rainfall estimation using double-kriging of raingauge and satellite observations. BMRC RESEARCH REPORT NO. 94

Thom, H. C. S., 1966. Some methods of climatological analysis. Technical Report No. **81**, WMO, Geneva.

Todorovic, P. & Woolhiser, D.A. 1975. A stochastic model of n-day precipitation. *J. Appl. Meteorol.*, **14**: 17-24.

Printed by Books on Demand GmbH, Norderstedt / Germany